景语：设计之道

郭 明 著

气象出版社
China Meteorological Press

内容简介

本书介绍了作者多年从事建筑、景观设计所积累的经验和心得体会，全书分为"独上高楼""众里寻它""蓦然回首"三个部分，从阐述设计的基本原理，上升到融入情感的设计，最后升华为人生的设计理想。通过言简意赅的文字，以及亲身设计的项目和亲手绘制的设计草图，阐释设计原理中的哲学思想，力求把中国传统园林艺术加以发扬光大，走出一条属于中国自己的现代设计之路。

本书适用于建筑、景观设计行业的从业人员，以及普通高校建筑、景观等相关专业的师生。

图书在版编目（CIP）数据

景语：设计之道 / 郭明著 . -- 北京：气象出版社，2021.1（2021.10 重印）

ISBN 978-7-5029-7298-1

Ⅰ . ①景… Ⅱ . ①郭… Ⅲ . ①景观设计 Ⅳ . ① TU983

中国版本图书馆 CIP 数据核字（2020）第 193952 号

景语：设计之道
JINGYU: SHEJI ZHI DAO
郭明 著

出版发行：气象出版社				
地 址：北京市海淀区中关村南大街 46 号			邮政编码：100081	
电 话：010-68407112（总编室） 010-68408042（发行部）				
网 址：http://www.qxcbs.com			**E-mail**：qxcbs@cma.gov.cn	
责任编辑：王聪 邓川			终 审：张斌	
责任校对：张硕杰			责任技编：赵相宁	
封面设计：博雅思企划				
印 刷：北京市中石油彩色印刷有限责任公司				
开 本：889mm × 1194mm 1/32			印 张：6.25	
字 数：135 千字				
版 次：2021 年 1 月第 1 版			印 次：2021 年 10 月第 2 次印刷	
定 价：49.00 元				

自 序

人们常说，你所经历的每一件事都是你今生必须经历的事。我与设计的故事也是这样，与设计密不可分，却从生活开始。

年轻时的我很爱玩，喜欢摇滚，喜欢吉他，感觉有无限的精力，因此也少不了上台表演的机会。那时候上台表演，聚光灯照着我，基本看不见台下有多少人，也就不会觉得紧张和胆怯，也可能是性格使然，这潜移默化地影响到我，工作之后向甲方汇报方案总会有不错的反响。不管遇到什么样的人，我都会设法与其沟通；需要我表现的时候不会推三阻四，需要我安静的时候基本上也坐得住。

我很喜欢艺术，对艺术的事物涉猎比较广，不只是景观，还喜欢画画，水彩和油画都还可以。我从前还教过别人跳街舞，流行摇滚的时候跳摇滚，流行霹雳舞的时候跳霹雳舞，曾经得过北京市的霹雳舞奖。那时候跳舞是因为觉得好玩，上学的时候没钱，同学带着我去舞场，结果在舞场里有人过来问我能不能办班教跳现代舞，后来我不光教人跳舞，还教了吉他和画画。别人跟我开玩笑，说我大概是景观界最会弹吉他、跳街舞的。现在想想还蛮有趣的，只是现在老了，跳不动了，但这却让我在寂静中体会到了什么是艺术。所谓的艺术，就是把意识形态层面的感知，通过绘画、舞蹈、音乐、文学，也包括建筑、园林等不同手段，对世界进行新的思考和情景演绎，也就是把意识转化成形态的过程。

1987年9月，我进入大学学习建筑艺术，算是正式开始学习建筑，之后学习景观设计。高晓松的妈妈张克群是我的老师，也就是在她那里我知道了，生活不仅是眼前的苟且，还有诗和远方。前一阵获得世界杰出女科学家奖的张弥曼院士，住在我家隔壁，和我父亲是一个单位的，她搞古生物研究，记得小时候她常用德语书刊给我讲故事。暂且不谈学习好坏，至少这些年的成长环境是极好的，有很多好玩的故事。北京人普遍生活没有那么严谨，比较随性，大家基本上都能聊得来，生活状态上也没有一种太高的企图心。

我有个特点可能和北京人的性格有关系，不愿意出远门，甚至不敢坐飞机，属于比较懒散的那种，虽然在香港待了很多年，但是天天想回家。我的籍贯不是北京，但我是在北京长大的，父母的籍贯是西北地区，小时候我在中国科学院的大院里长大。我家还有一个特点，爷爷、父亲和我，我们三代人都是知识分子，父亲的经历和《亮剑》里的李云龙有些相似，是第一野战军的老革命，是彭德怀和贺龙的老部下，毕业于总高级步兵学校，嫂子、姐姐和爱人都是博士，我和我哥是研究生。我家还算是书香门第，我属于家里最叛逆的那个。

我有一种不断进取的个性，和我哥对我的影响有很大关系。我哥比我大10岁，在考上大学之前一直是知青。恢复高考之后，我哥和生产队说他想考大学，生产队照顾他，让他不用下地干活，在队里做饭，他总是一手拉着风箱，一手捧着书复习。后来我哥考上了大学，这对我的影响很大。

我特别崇拜凡·高。如果梦是人的第二世界，那么绘画是平行于现实生活的，是第三世界。看到凡·高的画你才知道原来世界可以这样认识，可以这么美，他忍受着第一世界的丑恶，却画出第三世界的美好，谁都愿意生活在他的画里。世界上视觉艺术的色彩都源于绘画，所有印刷品都是根据绘画色彩原理来上色的，包括彩色照片、电影色彩等。自凡·高出现以后，人们的眼睛突然亮了，心灵的世界也充满了阳光。看到凡·高的画，你甚至都能知道他画的大概是几点的阳光。看着那幅柏树旁边的果园，你能感觉到春天的暖阳；看着那幅雷雨云下的麦田，你会感觉到再往左边看就会被阳光晃眼。这就是艺术的魅力！当然，并不是每个人都能感受到，比如被现实世界摧残得已经失去想象力的人恐怕难以有些感受。所以有人说欣赏艺术也是需要训练的，掌握科学可以决定人生的长度，掌握艺术可以决定人生的广度，拓展对世界的认识，加深幸福感，艺术创作的过程就是筑梦的过程。

这些生活经历促使我做了景观设计师。像我这个岁数的"专家"很多都已经不做设计了，而是在"玩"一些概念，诸如生态理念等。现在连很多的年轻人也都不做设计了，都变成我的甲方了，我却依然做着设计。为什么能坚持到现在呢？我想最大的原因是我对周边的生活环境总是不满，总想要改变它们，想让我的亲人、朋友和素不相识的人们生活得更好。我也很享受这样坚持下去的状态，跟着设计大师们的脚步不断地向前迈进。中国的知识分子普遍都有"家国天下"的情怀，总是想着能为国家做点事，就如同当代作家王蒙所说，中国的小朋友在能读懂唐诗宋词的时候就开始爱国了，如同电视剧《三国演义》片尾曲的"人间一股英雄气在驰骋纵横"，这股"英雄气"就是中国人的文化基因。

前　言

　　清代文学家李渔曾说过："以人之一生，他病可有，俗不可有。"怎样免俗？读万卷书，行万里路。当我们遍寻欧美、东渡扶桑、走遍祖国大好河山之时，我们更能感到人类艺术的广阔及其荡气回肠的感染力。当我们漫步在塞纳河畔看着巴黎圣母院的倒影，当我们坐在莱茵河边倾听着罗约莱的传说，当我们在日本庭园中看到金阁寺的辉煌，当我们在华盛顿看到高高耸立的方尖碑……我们心潮澎湃，尽情享受着各民族、各地域的人们给予我们的丰富营养和温馨微笑。我们领略到地球上的各个民族都有自己深厚的文学与艺术，有博大宽容的哲思及气质，有生生不息的人文精神，让我们知道什么是"四海一家"，让我们知道尽管肤色、面孔不同，但人们追求美的心灵是一样的，让我们知道"学无常师才能成为大师"。

　　未来设计的道路和手法，从宏观上讲，是生态主义挽救人类，从微观上讲，是末者为先。从设计手法上说，就是从人的设计到机器设计。从农业文明设计到工业文明设计，再到生态文明设计，这并不是全面否定以前的设计，而是在总结前人设计基础上的扬弃。现代主义的作品就是极易看懂、容易传播、大众化的，而中国五千年积攒的是一部厚重的历史巨书。中国现代设计的过程就是文明升维的过程。自然环境对人类的影响是非常大的，是自然及社会决定了设计风格，而不是设计风格决定了自然及社会，而且盛朝的时候往往风格简约，末代时往往风格烦琐。

　　旅行者1号探测器即将飞出太阳系的时候，在距离地球60亿千米的地方，美国国家航空航天局命令它再回头看一眼，拍摄了60张照片，其中一张正好拍摄到了地球——仅仅是个小亮点。美国天体物理学家、科幻作家卡尔·萨根就此说了一段著名的话："在这个小点上，每个你爱的人、每个你认识的人、每个你曾经听过的人，以及每个曾经存在的人，都在这里过完一生。"这里集合了一切的欢喜与苦难、数千个意识形态以及经济学说，每个猎人和搜寻者，每个英雄和懦夫，每个文明的创造者与毁灭者，每个国王与农夫，每对相恋中的年轻爱侣，每个充满希望的孩子，每对父母，每个发明家和探险家……都住在这里——一粒悬浮在阳光下的微尘。

目 录

第一章

独上高楼

1. 灵感的"方格子"

崆峒访道至湘湖，万卷诗书看转愚。踏破铁鞋无觅处，得来全不费工夫。

——《绝句》夏元鼎

好的设计源于好的灵感，好的灵感又是可遇而不可求的。夏元鼎从崆峒山一直寻访到湘湖畔，即使把最坚固的鞋都磨穿，还是一无所获，没想到答案最后竟毫不费力地出现在眼前。设计的灵感也是一样，表面上看虚无缥缈，内在却有着一定的规律。

灵感是源于我们的身体和意识与这个世界的接触、交互、共存、顿悟所产生的非物质性概念。简单来说它包括两个方面：一是身体感官所接触的外部信息，包括视觉、嗅觉、触觉，以及人体对湿度、温度和时间、空间的感知等；二是记忆、感情、长久以来的知识储备与我们在接触某种层面的知识或者事物的思考。

以勒·柯布西耶设计的萨伏伊别墅为例，其设计灵感源于当时的时代背景。勒·柯布西耶在经历第一次世界大战之后，对世界工业化的发展和人们生存的需求进行了深刻的思考，提出了新建筑的五要素：底层的独立支柱、屋顶花园、自由平面、自由立面和横向长窗，并以此为建筑基础，以简约、工业化的方法建造大量低造价的平民住宅。正是以这个灵感为思想基础，勒·柯布西耶创造了萨伏伊别墅。其建筑内部自由的平面和空间与空间的相互穿插、内外贯通，呈现了别墅外形简单而内部复杂精致的特点，这正是当时的工业化风格。

除了世界对人的影响，设计的灵感也与自身所处的"位置"有关，一个人以不同视角去观察世界，这些视角会对其设计的灵感产生难以估量的影响。曾经有一张有趣的图片——一张各个星球体积之间的对比图，人类从星球中隐去，仿佛不在宇宙之中；以这样更高的视角看着银河系密密麻麻的星云图时，方知人类的渺小。从大的维度或者说从"道"的层面来考虑问题，人们会很容易地放轻自己的位置，其实每个人都是如此。在做事之前要找准自己的位置，搞清楚自己要做什么，向哪个方向前进是正确的道路。其中每一件事情、每一个方式，都是这样去导向世界观、价值观和人对自身的思考。

设计行业中有一句话叫作"无意识激发灵感，有意识进行创作"。这是创作过程中的两种状态，如我们现在所说的场景化思维、即兴表达、瞬间的思想传播等都属于无意识创作，它

伏羲八卦也可以用现代语言表达

已成体系但并不完善，所以需要经过日常知识沉淀与大脑思考过的有意识创作进行系统化创作。

达·芬奇之所以能取得巨大的成就，不只因为他激发了无意识的灵感，也因为他对艺术理论和设计科学进行了系统而全面的研究，并将其长期建立在对大自然的观察和研究之上。出于天分，更出于勤奋。达·芬奇以其至今尚未收集完整的笔记揭示出一种永无止境的好奇心，从而使他能够同时关注并深入探讨绘画技艺和水利工程，在研究动物骨骼系统的同时又设计并制作乐器，在同时设计几件机械装置的时候又在思考一处大型雕塑的安装和壁画的新型绘制手法。他的很多设计作品在 200 多年之后也无法被人们理解制作出来，其灵感对于设计的意义令人惊叹。

头脑风暴就是非常好的无意识创作方式。一个团队做设计的时候，无论每个人的思想结构、文化结构是怎样的，都必须发表意见，因为创造会产生跳跃性思维。做北京大学医学部尸检楼项目的过程就是无意识与有意识创作的交互使用。当时甲

窍中的自然

空间工作模式

方以三天出方案为要求，可以说在第三天与甲方讨论方案的时候我准备得并不是很充分，在讲完方案后面对甲方的提问时，我根据对项目的了解与设计的经验，进行了无意识创作："以方格为主体的平面，源于红十字的构想，表现对生命的尊重，而白色十字代表逝去的生命。我的理念就是在此基础上'重构'与'消减'，对其进行进一步的解释。我们假设有机体是方的，当生命逝去之后，有机体倒下，故而形成了格子。"

无意识创作之后，做具体策划案的时候还需要有意识的创作，利用以往的知识与专业的技术完善设计方案的具体细节。我忽然意识到，我们在某一个环境、某一个世界里还会重构，可能又变成其他的方格子，这些我们都不会知道。

不管曾经多么绚烂，最后都要落到土里

2. 设计的三种先决条件

理智要比心灵为高，思想要比感情可靠。

——玛克西姆·高尔基

我认为园林更需要思想。前段时间耐克在菲律宾首都马尼拉设计了一个公园，将一款耐克跑鞋的鞋印放大了100倍，从上空俯瞰像是一个放大的数字"8"。第一次跑步的时候会把你跑步的影像记录在墙上，第二次跑步的时候第一次的影子会跟着你，就是两个人在跑，非常漂亮。现代的装置艺术、AI、VR等科技手段能够实现景观更多的表现形式，这是一种多元景观的概念，而不只是一种单一的构思。

创新不是凭空想象，没有一定根基一切创新都无从谈起。那么，什么才是创新的根基？什么才是创新的生产力？我们一切的生活、生产、实践活动都离不开一定思想的指导，科技也好，艺术也好，在它们复杂的表现形式下，一定蕴含着某种思想，这种思想是所有行动的核心，那些看似复杂的现象和形式只是思想的具象化表现。因此，要实现中国园林的创新发展，探寻蕴含其中的思想渊源才是实现一切的第一生产力。

在我国古典园林的发展过程中，离不开"儒""释""道"三种中国古典哲学思想的指引。儒家提倡道德的教化，释家宣扬"空"的觉悟，道家追求自然的生活，都在那个时代的生活

狮子山下的志莲净苑

中产生并发扬，被统治阶级所采纳，被设计者所运用。这些思想指导着艺术领域，对绘画、建筑和园林影响深远。

　　这种影响表现在设计上就是哲学思想的形象化。古典建筑庄严、对称、等级森严，官式、民式分明。当时的设计首先是为皇权、神、佛提供场所，其次才是满足功能需要。我们可以从大慈恩寺中看出这一痕迹，大慈恩寺是唐代的皇家寺院和译经院，位于唐长安城南的晋昌坊。唐代大诗人岑参的诗"塔势如涌出，孤高耸天宫。登临出世界，磴道盘虚空。突兀压神州，峥嵘如鬼工。四角碍白日，七层摩苍穹。"是对大慈恩寺大雁塔的生动描写。

北魏道武帝时在此建净觉寺，隋文帝在净觉寺故址修建无漏寺。唐贞观二十二年（648年）太子李治为报答慈母恩德，下令建寺，故取名慈恩寺。唐高宗永徽三年（652年）玄奘法师为了安置从印度带回的佛像，在高宗的资助下，依照印度的建筑形制，在寺西院建立了一座砖表土心的五层佛塔，后增至七层。塔底层的四面门楣上，有精美的唐石刻建筑图式和佛像，传为大画家阎立本的手笔。塔南面东、西两侧的砖龛内，嵌有唐代著名书法家褚遂良书写的《大唐三藏圣教序》和《述三藏圣教序记》古碑。唐代的大慈恩寺与杏园、曲江池、芙蓉苑、乐游原同在一个大的风景名胜区内。乐游原在长安城南，是唐代长安城内地势最高地，汉宣帝立乐游庙，又名乐游苑，登上它可望长安城。乐游原在秦代属宜春苑的一部分，得名于西汉初年。唐代大诗人李商隐的诗作《乐游原》"向晚意不适，驱车登古原。夕阳无限好，只是近黄昏。"就是描写唐时的乐游原。我们可以说一切形式的设计都是围绕着价值观的设计。

中国古典皇家园林是皇家文化的产物，所谓"移天缩地在君怀"，正是设计的集中体现。江南古典园林所表述的是在野文化，"穷则独善其身，达则兼济天下""还我读书处"等就是这种文化的体现。岭南园林所表现的则是一种贬谪文化。这些思想体现在具体园林规划中是"一池三山"的道家思想布局和

"四大部洲"的佛家思想布局。这些园林从总体来讲是为士大夫与皇家服务的，有其消极的一面。但古典哲学思想也有其积极的一面，如强调"世界大同""天下一家"的美好愿望，对美好山河的讴歌，对故乡、亲人的热爱，培养宽阔胸怀和远大理想。在艺术、美学方面则是以大自然为模板，反映中国山水画艺术理论中"搜尽山水打草稿"的完美追求。

中国古典园林艺术并不是完全真实地反映客观世界，而是通过表象来反映心中的所思所想，即"借物言志"。园林在艺术上模仿大山大水，这是其形象的参考点，并用楹联、景联的

大慈恩寺大雁塔

形式对人进行进一步的提示，使人产生联想。而在有关场所参考点上，中国古典园林艺术则把当时的工程技术及设计手法发挥到了极致，总结出很多方法，如障景、借景、对景、因山构室等手法，直到现在也影响深远。我们现在完全有能力和技术重新扬弃这些哲学思想并借此诠释美好的大自然。

艺术思想无法摆脱文明发展的总趋势，艺术创新也是随着人类文明的进步而前进的。中国传统哲学强调"感悟"，只不过我们现在需要的是在借鉴历史的基础上依靠科学技术来实现更高层面的"感悟"。在这种"感悟"的基础上，我们才有资格谈创新。如果离开对思想的挖掘与反思，所有形式的创新只能是水中月、镜中花。

此前，郭德纲在其相声节目《琴棋书画》里说到说相声的人要具备状元才、英雄胆、城墙厚的一张脸。"状元才"指的是要博学，天文地理无所不知；"英雄胆"指的是要有胆魄，遇事冷静，不惧不怕；"城墙厚的一张脸"指的是要有良好的心理素质，不胆怯。除此之外，作为艺人还要有最基本的"艺德"。同理，不同的职业要具备不同的素养，往往素养先于设计。当然有些职业之间的素养是相通的。

作为设计师，我的老师曾说："做设计，要具备'三才'，即画才、口才和文才。""三才"不是指专业层面上的"三才"，至少是作为景观设计师对其需要具备的素养所作的总结和概括。"画才"指的是以感情作画，表达上会用眼神、语言、表情交流。"口才"在词典上的解释为：说话的才能，有口才的人说话具有"言之有物、言之有序、言之有理、言之有情"等特征。"文才"指文章或文学的写作才能。一个设计作品的最高境界其实就是使人领略一场抒情的电影。电影三要素（剪辑、声音、影像）对应的方案三要素：①文才（方案结构）。②口才（现场表现）。③画才（文本表现）。一个好的演示文稿是给别人看的，不是给自己看的，必须通俗易懂、感人，往往设计文本具有三段式的特征：①开头是总体概括，偏重于艺术方面的描述。②中间是分部描述，偏重于技术方面的描述。③结尾既是总体概括，又要偏重于艺术。而文本内容是呈漏斗模型的结构，一个好的方案一定是技术与艺术的完美结合（艺术要的是感性，热情奔放、浮想联翩，技术要的是理性，逻辑性强、严谨科学）。开篇：①口号响亮。②热情奔放（在3分钟之内要讲清大致内容）。中间：①逻辑性强。②尽量对仗。结尾：①充满遐想。②主题回放。口才不仅用来汇报，更要通过口才交朋友，交一个好朋友就像读了一本好书、喝了一杯美酒。我

潭影鸟瞰

们坚信一点："甲方、乙方、使用方"的目的是一致的。用词一定要慎重，不用你们、我们，多用咱们这个词。汇报的节奏与人的心理节奏要合拍，一般人的注意力在 15 分钟到 20 分钟，因此需要先说结论后说推导，找出项目的"难点"，也就是方案要解决的"重点"，总结每段的"特点"，展示方案的"亮点"，最后总结方案的"优点"。方案是智商（重要的是深度），口才是情商（重要的是广度）。方案好是戏托人，口才好是人托戏。尽量正式着装（建立信任），开场白尽量文雅，引入共同话题，讲话不是授课，也不是请示，是交朋友似的聊天。两种好的开场白，一是悬念式的开场白，包括三种形式：①设问法；②引经据典法；③案例运用法。二是可信式的开场白，包括两种形式：①实物展示法；②数据列举法。应变能力：在结尾的阶段要抒发感情，传播正能量，给人以信心。

能够将语言变成艺术的时候，就是一个人能力达到一定高度的时候。作为景观设计师，我现在的工作就是汇报方案，因此一定要具备必要的素养。站在台上，面对甲方，需要有扎实的专业基础知识能够表述自己的设计理念；应对甲方的提问，还要有一定的实践经验和上台经验，不紧张，不胆怯，逻辑清晰，表达顺畅，这样的状态不仅有利于促进项目的合作，同时也会感染甲方。很多时候我和甲方能够成为好朋友，是因为我能够清楚地将我的意图表达出来，同时这也是甲方所需要的。

纵观设计的历史，我们会了解到设计的形式、风格与主题总是与社会发展相一致的；艺术发展的轨迹大致是以下顺序，从古典到现代的设计风格分别为：具象、意象、印象、抽象。

设计（design）源于拉丁语 designave，本义是徽章、记号。一直以来人们就设计的概念有多种说法，著名平面设计师陈绍华说"设计就是一种解决问题的方法"，英国艺术批评家克莱夫·贝尔说它是"有意味的形式"。无论哪种，设计的目标都应该是创造一个人们感觉适宜的环境。而就设计来讲，其内涵在设计之外，对于设计的内涵来说，有广义和狭义之分。广义的设计是心怀一定的目的，并以实现它为目标而建立的方案。狭义的设计则特指艺术作品的各个构成要素之间通过一定的组织和设计使之成为一个作品的创意过程。索尼随身听设计的最终目的是为了促进消费，却又不仅是这样，它引导了一种新的生活方式，这应该是对设计内涵的确切表述。

一方面，设计是一种形式、外观的改造，也就是克莱夫·贝尔说的"有意味的形式"，形式很重要，但是如何让形式有意味就更重要了。事实上，"有意味"就是设计的内涵所在，这种内涵不在形式本身，而在形式之上的意味，由此，我们说设计的内涵在设计之外。另一方面，设计的根本目的是满足人们的消费需求，引领一种新的生活方式。由这一点来说，设计的内涵是在设计之外的。纪录片《设计面面观》里面提道："好的设计应该是创新的，好的设计应该令产品实用，好的设计是美的设计，好的设计令产品易于理解，好的设计是诚实的，好的设计是不显眼的，好的设计是耐用的，好的设计贯穿每一个细节，好的设计是环保的，最后但同样重要的是，好的设计是尽可能少的设计。"

随着时代的飞速发展，设计已经开始占据人们生活的方方面面，但是很多时候，我们看到的设计却大多是为了设计而设计。夸张的造型，奇异的线条，设计师对设计形式的关注已经远远超过对设计内容本身的关注，对设计作品的评判也由作品本身的价值转向了外在形式的怪异，人们普遍陷入了一个错误的认知范围——看不懂的作品才是好作品，完全忽略了设计的出发点和落脚点。

纪录片《城市化》中，丹麦的道路规划是：最靠内的是自行车道，然后是停车道，最后才是机动车道。设计者说这样做可以让停车道保护骑自行车的人，而不是自行车总是刮到或者撞坏停泊的车辆。只是转变一下思路，一切都解决了。最好的设计永远是可以自然而然地解决问题的小动作。丹麦车道的设计准确地体现了"设计的内涵在设计之外"。

好的产品是有感情的，好的设计能让人看到产品中的感情。如何让人们看到这种感情？出发点就是对人的关注。设计师能否跳出自己的固有身份，以人为本，使产品实现实用性和观赏性的双重目标。德国著名工业设计师迪特·拉姆斯曾说："我不想去做一个新的椅子，因为我相信已经有足够多的椅子了，找到一个解决方案一直都是很有趣的，有些新的东西会出现，比如，你要一个解决方案，需要软面、硬面，还有轮子，三个重要的东西，但是没有一把椅子同时有这三样东西，好的，让我想想，现在我仍在思考。"迪特·拉姆斯都在思考如何在设计的取与舍之间做平衡，我们的建筑师又怎能只停留在设计的一些外在东西上，而不去进行自己的思考和探索？

3. 从"共享"到"共想"

我们总是将焦点集中在内部沟通，而忘了对外与顾客的沟通。

——麦克法霖

沟通，是人与人之间、人与群体之间思想与感情的传递和反馈过程，以求思想达成一致和感情的通畅。这种过程不仅包含口头语言和书面语言，也包含形体语言、个人习惯和方式、物质环境等。说话是人的本能，但如何把话说好，如何跟他人进行良好的沟通，建立良好的人际关系，却不是每个人都能做好的。

垃圾坑公园的桥

沟通渗透在我们生活的各个方面，良好的沟通并不代表说得多才有用，而是说话要讲求质量，要有利于信息的传达和人与人之间关系的维系。

在建筑设计中，沟通比画图重要。方案能否中标很大程度上取决于建筑师和甲方之间沟通的效果，当建筑师和甲方之间达成共识的时候，甲方更愿意相信这个建筑师能够做出他想要的东西，因此更愿意把项目交付与他。掌握沟通技巧还有利于扩大格局。当建筑师开始从个体考虑到社会，那么他就知道该以什么样的态度做设计，同时思考群体的时候，就会和更多的人有共同语言，因此更有可能获得甲方的信任。那么，共同语言从何而来？它来自于双方或同样或类似的世界观和价值观，这时就会发现沟通其实是一件很容易的事。

沟通，不仅依靠语言，举手投足之间都影响对方对你的印象，随之影响沟通的效果。建筑大师贝聿铭之所以被称为建筑界的外交家，是因为他具备出色的交际能力。1963 年，时任美国总统约翰·肯尼迪遇刺身亡，其妻杰奎琳·肯尼迪牵头，计划建造一座永久性建筑以纪念亡夫。当时，以肯尼迪家族的名望，邀请来众多名家参与讨论，最终人选有三位，即密斯·凡·德·罗、路易斯·康、贝聿铭。在这三位中，贝聿铭是最没有名气和经验的那一位，可他自有办法，从多数人根据外表产生第一印象入手，秘密派人调查了杰奎琳·肯尼迪的背景、喜好以及厌恶的东西，重新布置了自己的事务所，并摆放上许多杰奎琳·肯尼迪喜欢的物件。

障景的作用

　　拜访如约而至，先是当时名气最大的密斯·凡·德·罗，他高傲冷淡，甚至不屑于接这样的单子，一直叼着雪茄，不紧不慢的态度几乎惹恼了杰奎琳·肯尼迪。而另一位大师路易斯·康，他的话语是出了名的晦涩难懂，况且他的脸上还有疤，衣着打扮也显得邋遢，同样也没能打动杰奎琳·肯尼迪，所有希望都落在了最后一人身上。拜访前，贝聿铭特意精心打扮一番，绅士范儿十足，在会谈中，贝聿铭温文尔雅地展现出自己对杰奎琳·肯尼迪的尊重。同时，他凭借东方显赫家族的背景，也带来了一丝中国式的神秘，他热情认真地给杰奎琳·肯尼迪讲解自己的设计理念，不费吹灰之力，贝聿铭就征服了这位最有魅力的美国前第一夫人。

　　这里的沟通有一个重要的概念就是"共想"。一群人里，有景观专业的，有建筑专业的，当然也有绘画、摄影、文学等专业的，这一系列看似不相关的专业，却都属于姊妹艺术，做设计就是要将不同的内容融合，只有"共享"才能"共想"。

实际上，设计师、甲方以及使用者的目标是一致的，一方投资，一方实施，一方使用，无非都是想把项目做好。我在和甲方接触的时候，大多是单纯地表达我对生活的热爱。热爱生活是多数人的共识，甲方也不例外，因此沟通就不会出现障碍。相反，现在的一些年轻建筑师，任性自大，表面上和甲方亲如兄弟，其实拒甲方于千里之外，经常按照自己的想法做设计，这样的沟通一定是不顺畅的。

倾听对方的任何一种意见或议论都是尊重，因为这说明我们认为对方有卓见、口才和聪明机智，反之，打瞌睡、离开或岔开话题就是轻视。作为设计师，不仅要有扎实的专业知识，还要掌握沟通的艺术，这样才能更好地倾听，这是对别人的尊重，也有利于自身的进步。

空中的采光和走廊

4. 多角度看"环境"

在生活中,我不是最受欢迎的,但也不是最令人讨厌的人,我哪一种人都不属于。

——沃伦·巴菲特

当一名创造性设计师在做设计的时候,对于其前瞻性在设计中的手法及表现形式是需要慎重考虑的。受众人群对新事物的接受能力处于一种特定的高度,设计师思想上斗争时要考虑这种设计的阻碍,在某些时刻还要考虑艺术与利益、设计艺术

中关村软件园的集聚和迷失

的展现力与甲方之间的矛盾等，这都会形成纠结的心锁。

作为设计师，首先要具备一定的前瞻性思维，并不只是创作型设计师，也包括大众设计师。设计是一项综合学科，包括哲学、艺术、美学、几何、人文、空间等，景观设计还包括园林、绿植等。以大局观统合思维将其置在一景中的设计师，前瞻性是其进行创作必不可少的，它是创新思维的思想源，也是所有行业推动社会发展的思想源。

从历史可以看出，前瞻性思维的创作或思想是打破常规、不受时代束缚，并可能被当代所否认且无法接纳的。比如，尼古拉·哥白尼提出的日心说思想在当时是被人否定的，有人称他是异教徒，也有人把他当作神经病。又如达·芬奇的一些画作、科研作品以及先进的理念在当时几乎无人问津。后来阿尔伯特·爱因斯坦认为，达·芬奇的科研成果如果在当时就发表的话，人类整体的科技发展可以提前 30～50 年。

作为新空间的创造者，设计行业的发展应引领时代的潮流向前迈进。当今信息时代高速发展，世界同步，人们对于新生事物的接受能力越来越强，创造性思维愈发活跃，在这个每个人都可能改变世界的年代，设计师的前瞻性思维决定着其是否会被潮流所淘汰。

设计本身也反映着人类的世界观、价值观、道德观，设计的过程是人类基于各种感情对梦想、欲望的追求与表述，也是对自然本源的敬畏与诉求。设计的前瞻性一直是发自人的内心而引领社会文化的进步。例如，文艺复兴时期人性与科学的解放，开始让人学会理性地分析世界，因此才有了几何对称和图案化的理想城市。

勒·柯布西耶预见到工业发展的迅速与战争对世界环境的影响，所以他的建筑风格具有明显的工业现代化发展形式以及建筑设计形态的全球性。借此引领了当代的快速城市模式，将城市打造成机械，城市中的一个个区域转化为机器的一个个零件，以人为基础，让城市高速运转起来。

伴随着城市工业化进程过渡到后工业时代，逐渐有人在工业化所带来的虚假梦境中醒来。罗伯特·欧文建立的新和谐公社的理想模型将设计与生态城市、可持续发展城市关联起来，启示人们注意到环境才是未来发展与生存的主要道路。以环境为生存基础、以人为本才是设计的根本原则，设计应让人们

大沙坑中的光道

天坛府慵懒的阳光

重新感知、体验和关怀那些被忽略或遗弃的自然过程。当代设计，已不再是给某一个、某一处、某一地域的人或人群所做的设计了，而是要面向世界且走在世界前端的。设计理念应是饱含文化特色的，同时，不能受到文化对思想的束缚。

一个好的设计师应该是有一定前瞻性的，他是可以引领别人发展的，能够从整体想到细枝末节的部分，且带领后面的"大部队"不会走错道路。年轻设计师要有较强展现自我的能力。可能在外人看来，年轻人经常熬夜加班，但是在他们的世界里，是想把意志力在社会中展现出来，把自己那种强烈的欲望表现出来。因为年龄段的不同，导致他们与一些资历较深的设计师所处的环境也不一致。好比在唐朝人人都以"胖"为美态，但是当下人人都恨不得瘦成"一道闪电"。这就是时代不同，设计师的作品也各有千秋。

年龄段只是造成设计师设计结果不一致的一个原因，最主要的还是设计师所站的角度不同。在当下，每一个建筑都有它的用途，这就是设计师最初的出发点。在设计建筑之前必须有自己的角度，明确它是用来做什么的。比如要设计一个写字楼，那么田园式的建筑就满足要求，我们必须从办公写字楼这个角度开始着手。

我们拿两个著名的建筑来做对比。一个是位于山东曲阜的孔子研究院，另一个是位于北京的国家体育场。我们可以特别明显地看出两个建筑的风格大有不同。孔子研究院是研究孔子及其思想的专门机构，具有学术研究与交流、博物展览、文献收藏、孔子及儒学研究信息交流、人才培训等功能，规划建设成为世界儒学研究与交流中心，无论从其设计风格、设计形式或是设计颜色，都呈现偏稳重的古风。而国家体育场的设计就不一样了，其设计背景就是要以体育场的形式呈现，我们可以看到整个体育场结构的组件相互支撑，形成网格状的构架，外观就仿佛用树枝织成的鸟巢，其灰色矿质般的钢网以透明的膜材料覆盖，包围着土红色的碗状体育场看台。它的形态如同孕育生命的"巢"和摇篮，寄托着人类对未来的希望。所以说，设计师所要呈现作品的形式必定取决于其所站的角度。

人生观对于设计建筑的影响在于，一个人有什么样的人生观，大体上就有什么样的作品。他的作品就是其人生的一部分，或者说是其人生的缩影。

何必丝与竹，山水有清音

　　一个人的人生观必定会受到社会的影响。古代西方很多妇女遭到迫害，被冠以"女巫"的罪名而送上火刑架，就是因为当时人们所处的社会环境，一是战争中人们恐慌的心理；二是当时的教育程度普遍低下，人们不理解，人生观、价值观被社会所影响，被束缚着。现在也是一样，虽然人们教育程度提高了，科技、网络让人们的日常生活不再闭塞，但人们的思想还是受到大环境的影响。这种影响有好有坏，现在很多人都容易被舆论引导自己的价值观以致人生观都会发生改变。如果不能树立一个好的、稳定的人生观，是无法成为一个好的设计师的，也就不可能设计出"属于自己"的作品。

　　设计行业有两句话：一是场所精神，即一个场所的设计肯定会表露出一个人的追求、表达；二是设计师在改变环境的同时环境也在改变着人们（人和环境相互影响、相互改变）。以设计出来的作品规范人的道德，引人向善，这对一个设计师的

大象馆的采光技术

要求其实是很高的。

设计是一种表象的东西，实际上反映的是设计师的人生观，设计师首先自己就要站得高，否则就无法把好的东西传达给别人。作为设计师，好的设计肯定是站在思想的制高点，包括哲学思想、价值观等方面的想法来指引着设计理念。

在和香港建筑署谢顺佳老先生的聊天中，他告诉我在设计上的心得："哲学规定一个人的价值观、人活着的意义，它会带动思想；思想衍生文学、数学，并以此为基础而创作作品，绘画、音乐就是所创造出的二维产物，再由绘画、音乐带动后面的三维设计，比如建筑设计与四维园林设计。"要想做一个好的设计，肯定要知道人的思想是什么样的，了解这些之后才能带动后面的发展，古典艺术的发展也是如此。

人是环境的产物，毛泽东说过："人的正确思想，只能从社会实践中来。"一个人的生活经历决定了其人生观，而人生观决定了其设计的好恶。比如，一个人小时候受伤流血，他在设计上可能就不会偏向于红色；如果他在小时候有过溺水的经历，就可能会比较厌恶蓝色。因为受到环境的刺激，就会产生不同的想法。一个人喜欢什么、讨厌什么，一定有哲学思想的带动，这种思想的偏好性通常会被设计师带到设计当中。

艺术的诞生源于思想的创造，艺术与设计相互依存，如今大多数国外的艺术形式都已现代化，国内设计师同样在思考中国的艺术形式如何现代化，因为中国的艺术形式是一种独特的文化，而且是非常复杂、独特的体系。设计也是一种综合国力的象征。设计会带动很多的企业，比如工业的发展、思潮的发展、技术的发展。如前些年国内没有钢材能支持超过 50 层的建筑，承受不了如此重力，但现在的建筑不止 50 层了。设计指导着施工、工艺，从这点来说，国内这方面还是有待提高的。

回归到设计本身来说，所有设计师都不想被划分、归类，但是很多评论家不由自主地就给他们归类了。像我这一代人大部分学的都是结构主义，比如贝聿铭的数学浅层结构，他从来都是用三角形构图，受到这个影响，认为三角形和轴线很好看，所以设计风格偏向于这方面。比如一个人掌握不了扎哈·哈迪德的思想、混沌理论，即便是模仿也没有她的风格。有的人先天对轴线、结构主义比较认同，可能对安藤忠雄就比

我们为什么都向一个方向走

较喜欢。结构主义不喜欢人工光线，无论是贝聿铭还是安藤忠雄，虽然同是现代主义的设计，但他们设计的建筑带轴线和光影。他们喜欢阳光的自然光照进建筑，贝聿铭在做卢浮宫扩建项目的时候就说过不喜欢人造灯光。安藤忠雄也是如此，他的作品时常能看到一道阳光照进建筑的情景。有很多日本设计师喜欢富士山，以致日本街头的雕塑很多都是带尖的，这就是设计风格和环境的关系。

　　无论是怎样的设计、怎样的维度，都是紧紧衔接在一起的，艺术与设计如孪生一般，全都受到思想的指引，且相互依存。

5. 情怀，没有开始

我们的疲劳往往不是由工作引起，而是由于忧烦、挫折和不满等。情绪上的态度比生理上的操劳更易使人产生疲倦。能够做自己喜欢做的事，这种人是幸运的。

——戴尔·卡耐基

之前常听别人讲起设计师是一定要有情怀的，这样设计出来的作品才会有灵魂，也只是听说，没有真正理解这句话的意义。从前在我的眼里，无论是哪种设计师，他所设计的任何一个建筑，本质是物体，无非是钢筋、混凝土的结合，是没有生命的，又如何谈灵魂呢？后来接触得多了才知道，世间的一切都是具有生命力的，都有自身存在的价值，都是有灵魂的。同样，我们也应该赋予建筑灵魂，这是设计师该有的情怀。

我听过别人这样评论："一个没有情怀的设计就好比是没有故事的赤壁。"赤壁，若不是它有故事，我想它怎样都成不了家喻户晓的经典。因为石头是普通石头，江水是普通江水，却因为它有了故事，在时光中变得愈发与众不同。设计师也一样，不做作品的主人，只想着盲目地把对象堆满、装饰、突出，最终只会忽略了对象。

如果设计师的作品没有情怀，那么它一定是冰冷、苍白无力的。同时，做人、做事不换位思考也容易将设计当成任务，

阴阳五行现代版

丧失创作的热情。只有通过每天不断地成长积累，与承载对象发生故事，才能设计出有情怀的作品，带给别人温暖，也带给自己幸福的成就感。

秋风拂过，落叶总归入土。我时常会想，做这些设计是为了什么？物质、认同，或是艺术？当我回首往事，思虑再三，我不会因为设计了什么而多么骄傲，也不会因为创造了什么而多么自豪，而是在设计的过程中，那种激动，那种情怀，种种所思所想，令我毕生难忘，回味悠长。它不怕时间的打磨，无惧世界的变化，刻骨铭心地留在我的心里。

第二章

众里寻它

1. "俯首"做设计

无论在什么时候，永远不要以为自己已知道了一切。

——伊万·彼得罗维奇·巴甫洛夫

我家附近是公安局的宿舍，从小每天经过那里，总觉得里面的人在盯着我，心里就很不舒服，直到有一天我做了北京警察学院的项目，才真正理解了警察这个职业。北京警察学院的项目位于北京市昌平区明十三陵旁边，场地很小，利润也很低，开始并没有太在意，直到去现场了解情况的时候，走到设计场地后面，一块石碑映入眼帘，上面刻着北京牺牲警察的名字，的确使我非常震撼和感动。"哪有什么现世安稳，不过是有人在替你负重前行"，我们生活在和平稳定的时代，但不得不说危险也是无时无刻地存在，是这样一群可爱的人在背后默默地付出着。

这是我了解警察之后的真切感受，但我必须承认警察的这种奉献是无言的，同时也对自己进行了反思。在设计的过程中，首先要去了解项目的最终使用群体，做医院的项目，就要去了解医生、病人的需求；做学校的项目，就要去了解学生的心理和需求。公安局宿舍里的人看任何人都是上下打量，这让"被看"的人感觉非常不舒服，一开始可能会觉得他们素质很低，对人不友好、不尊重，但是了解了他们从事的职业，虚心去接触和学习的时候，就会发现他们的行为其实是职业

水彩讲光道，景观同样讲光道

使然。

我们在接触和了解新群体的时候，应该以一种"俯首"的姿态介入。其实，放低姿态并不意味着低人一等，而是对于需要了解的事物持有一种渴求和尊重的态度，同时这也决定了我们理解和接受的程度。接触人的方式一定是低视角的，换位思考，任何一个人都不会愿意别人用"俯视"的视角沟通，那是傲慢的体现，而主动以低视角的姿态去和别人沟通，则是一种谦卑，这样反而更有利于沟通，这个力量很大，可以撑起整个世界。

全球战"疫"使我们反思设计的目标

用换位思考的方式进行设计，也要引用"异质同构"的构形方法。"异质同构"是"格式塔"心理学的理论核心，是将两个或两个以上不同质的元素作连接，使之产生一定联系，随后就像化学元素之间产生化学反应一样，元素之间的简单相加，最后产生"意"的改变，这是质的变化。2003年的非典型肺炎、2009年的甲型H1N1流感、2020年的新冠肺炎，对于很多人来说就发生在身边，见证了对于生命的抗争和无奈，作为设计师当然也很希望能够做点事，为生者、为逝者，更为医学研究人员，让他们能够早日战胜病魔。中国疾病预防控制中心项目就是异质同构场所的典型代表。

中国疾病预防控制中心项目让我有机会去接触和了解医生、病人，同时也给予我一个机会，能够让我通过景观向他们致敬，为这些疾病研究者提供一个适宜他们研究的场所，用美好的环境去激励他们。"医者仁心"，医生之所以被称为白衣天使，是因为他们真切地与病人的生命息息相关；而病人，面对病痛的折磨，依然顽强地与其斗争，那种对生命的尊重和渴望，值得我们每一个人都为其伸出援手。此项目的入口景墙处的水流有三重意义：这里的水是涌出的泪水，是对逝者的哀悼；这里的水是生命的代表，生命之水源源不息；这里的水又是思想的源泉，创新精神不断涌现。高低起伏的石块如具有生命力的物质破土而出，墙后成排的银杏树笔直挺拔、"手牵手"地长在那里，似有"树犹如此，人何以堪"之叹。此处多了几分豁达襟怀，少了几分愤激、沉郁。整个区域的中心——团山，高达21米，作为整个区域的最高点，本应是设计的高潮，

南京溧水胭脂河的工业遗存

却成为设计止步的地方，意在要把过去留下痕迹，团山的名字本来就含有众志成城之意。将这些不同质的元素相互组合，产生新的"意"，旨在表达对生命的热爱和尊重，这就是中国疾病预防控制中心项目所要传达的精神。

景观设计既有脑力劳动又有体力劳动，原场地的植物定量、定位耗费了设计师大量精力，但对设计创作却是一个很好的增补。"美，即足下之草"。把原来的小草、树木保留，也就在某种意义上留住了生命的本真，因为它们本来就生长在那里。把人类的主观意志控制在很小的范围，同时把客观因素扩大到无限范围，用有限的空间唱出无限的生命之歌，给逝者、给生者、给挽救生命的人。在这里，景观设计者将自己带入疾病研究中，与疾病研究者组成了"异质同构"。设计者就像是在一张空白的纸上去画图一样，是决定这张白纸命运的人，因此设计者的态度很重要，始终保持谦卑的态度，"俯首"做设计，把项目做好。

当前小城镇建设方兴未艾，以风景园林的规划设计出发，使其成为能够激励城市发展的最基本要素，成为重新组织城市发展空间的最重要手段。这也要求从业者了解更多交叉学科的知识，理解设计的最终目的是营造一个生命安全、生态安定、生活安逸、生产安心的人居环境，形成产业发展、人口聚集、市场扩大的良性互动机制，赢得更加广泛的社会效益。小城镇建设是指小城镇各种要素的创立或组合，以及一定区域内小城镇体系的设置、改造和发展过程。小城镇建设可分为宏观建设及微观建设。宏观建设是指一定区域内小城镇体系的建立改造和发展工作。微观建设是指小城镇各种社会要素的创立、兴建和发展。宏观建设是保证小城镇形成的各种体系的建立，而微观建设是保证小城镇形成的各种要素的建立。宏观建设强调的是系统性及科学性，而微观建设强调的是能动性及艺术性。这正好与景观规划、景观设计的内容相辅相成。

小城镇形成的各种要素中，景观要素是必不可少的，它在小城镇建设中是贯穿始终的。从表格中可以理顺景观与小城镇之间的关系。小城镇建设强调系统性、科学性、生态性。从表格中还可以看出设计区域是从大到小排列的，即规划设计→景观设计→园林设计→环境设计，从而也可推断出小城镇建设中规划与设计之间的关系。

自然界	国土规划	区域规划	城市规划	城市绿地系统规划	城市景观设计	城市中心环境设计
没有人类参与	地上、地下、海洋、大陆架的筹划	某一特定区域的整体布局	研究城市未来发展、合理布局的综合部署	对城市绿地进行统筹安排、合理布局的营造	对城市中各种要素的营造	对城市特性、风格定位的营造

小城镇区域规划	小城镇绿地系统规划	小城镇景观设计	小城镇环境设计
明确小城镇布局选址、用地指标的划分	道路河流、山体水体、防护绿地的规划	公园代征绿地设计	小城镇建筑周边公共空间设计

小城镇建设要同壮大县域经济、发展乡镇企业、推进农业产业化经营、移民搬迁结合起来，引导更多的农民进入小城镇，逐步形成产业发展、人口聚集、市场扩大的良性互动机制，增强小城镇吸纳农村人口，带动农村发展的能力。而景观是促进小城镇发展的重要手段之一。景观设计可以依附于小城镇发展规划，也可以对指导小城镇发展起到不可替代的作用。研究景观设计在小城镇发展中的设计体系、模式及手法、解决发展中的难题、创造良好的环境是小城镇发展的良好保障。同时要强调对小城镇环境的保护、修复和改造提升，避免一哄而起、遍地开花。

在自然界中，生产、消费、降解三个环节是平衡的。城镇化、工业化造成了大气环境的突变、能源的枯竭和生态的毁坏。改造生产、消费环节，控制降解环节是景观设计的总体要求。

在仇英《南都繁会图》中找到的灵感

促进小城镇发展是目前我国经济和社会发展的一项重要工作，各地都在探寻适合自身发展的道路。工业发展带来的聚集效应曾经是我国城镇发展的一个典型模式，随着我国经济水平的不断提高，生态、环保等问题在城镇发展中得到越来越多的重视，一些经济发达的地区已经率先开始了去工业化的道路。

在这样的历史背景下，小城镇发展的方向有了越来越多的可能性。这也给了风景园林行业一个良好的契机，风景园林师有机会参与到引导某个片区甚至整个城镇发展的工作中，通过发挥专长，协调自然环境与人类活动之间的关系，为区域发展提供良好的环境基础，同时也铺设一条崭新的人与自然和谐共生的道路。

生命安全格局：安全诉求。人居环境的规划设计首先以保障人的生命安全为基础，可活动区域的选定、各种灾害的防范，都应该是风景园林设计首要考虑的因素；生态安定格局：环保诉求。小城镇处于城市环境和自然环境之间，要让自然融入城市，同时也让城市的扩张融入周边的自然环境，成为一个完整的生态系统；生活安逸格局：审美诉求。对场地或者区域的设计需要考虑美学要素，而并不止于美学，更要为市民提供一种或多种生活方式；生产安心格局：发展诉求。基于良好生态环境而产生的产业，诸如与旅游相关的各种服务业，则是产业转型的主要方向。我在大周口店遗址公园的设计里运用了这些思路。

一、生命安全格局：安全诉求。在山地的几处制高点设置瞭望塔，每个塔的瞭望半径为 1～2 千米，作为观察火情之用。满足功能需要的同时，塔的设计注入现代元素，使塔本身也成为这一区域的景观标志。改造现有道路作为防火隔离带，加固道路两侧山体，防止崩塌。考虑到牛口峪山区的泄洪路线，对此区域的居民点进行了合理布局，将距离泄洪区较近的村庄搬迁。

二、生态安定格局：环保诉求。在植被修复方面，牛口峪附近山体局部存在采石坑和土壤沙化现象，我们采用土壤改良与生态护坡相结合的方式，逐步培养土壤肥力，恢复山林原貌，形成万亩石化林海的景象。在排洪、蓄洪安全方面，房山区年降雨量相差较大，雨季、旱季分明，且雨季降雨时常以大暴雨为主，有历时短、雨量大的特点。我们希望增加绿地的蓄洪能力，沿山体的道路两侧设置植被浅沟或雨水方沟，可截流由山体冲刷下来的雨水。在大面积的绿地中，局部设置较为低洼的地形，结合耐旱又耐水湿的植物，设计为雨水花园，既丰富了绿地景观，在大雨时也可蓄积一部分雨水。这个地块南水北调管线通过此处，两个水库之间有约 10 千米长的南水北调管线，为埋入地下的涵管。为保护管线不受到破坏，水质不受到污染，将此处建设为绿地是最佳的选择，将这条联络线建设成宽约 150 米的生态绿道。

三、生活安逸格局：审美诉求。此处是北京城市绿道的最南端，在长约 10 千米的城市绿道中，我们以植被覆盖为基础，同时加入了丰富的休憩活动场地和设施。有往返于两个水库之间的电动车专线，也可进行自行车骑行及半程马拉松。丁家洼水库毗邻丁家洼村，可以整合区域内农田、林地、水库等资源，融入生态技术和措施，建设现代生态健康示范区，提出零排放公园概念，发展田园旅游，同时也可引入装置艺术节、大地艺术节、创意博览会、虚拟艺术节、光环境艺术等活动。转变生产模式，由工业及农业为主的模式转变为以生态旅游观光为主。大周口店遗址公园划出保护区、适度开发区，工作步骤是：策划、规划、细化、美化，农业仍是该区域的基础产业，农田上的大地艺术成为风景中的特色元素。旅游业体现为，经过对整体环境的提升和旅游功能的开发，创意博览会、康体旅游等项目都会逐渐带来更多的经济效益。

　　四、生产安心格局：发展诉求。科普教育和拓展培训体现为，牛口峪水库及周边山林地开展的环保科普、古人类史文化教育、拓展、培训等活动可为当地居民提供就业岗位，带来更多的经济效益。新的发展背景更为复杂，发展方式也更为多样。"青山绿水就是生产力"的发展方向与风景园林专业相关的环保诉求、美学诉求在城市发展中所占的比重越来越大。

牌坊与桥亭

有时总想看看小街转角那边的风景

随着城市的快速发展，屋顶花园有着非常广阔的开发利用前景，是当代园林发展的新阶段和新领域。在园林设计上，因其受到屋顶承重、温度、土壤等因素的限制，在可运用一般的园林造园手法的同时又有着自身的特殊性和复杂性，适宜营造出"境心相遇"的景观环境。在空间、色彩、种植、形式、材料细节等设计手段服务于设计师的同时，可以分析其与心理的关联，探讨"境心相遇"的营造手法。

房山区人民政府第三办公区位于北京市房山区 CSD 商务广场，是房山区的人气聚集区。房山区人民政府第三办公区是展示房山区的窗口，其建筑外观现代、时尚、简约，其屋顶花园所呈现的景观形态是建筑特征的外延，在园林设计中融合了现代建筑的设计特点，通过"简约主义"的设计风格，让亲临于此的人能第一时间感受到房山区的时代感和现代感；同时寓情于景，做到"简约"而不"简单"，将此景塑造成人们心灵的窗口。

丁福保在《佛学大辞典》中对境的解释是："心之所游履攀缘者，谓之境。"可见，境由心生，心有多高，境就有多高。所谓观念在先，景致在后，无论是观察还是记取，均服务于设计师所设定的观念，即匠人之心。一部好的屋顶花园园林作品，首先以"情"而感人，表现"境"的最终目的还在于传情。园林是活的，是自由的，设计师应把握其不确定，心存高远，让其传情，使其具有一种持续性的价值。

白居易曰："大凡地有胜境，得人而后发；人有匠心，得物而后开；境心相遇，固有时耶？"可见，让平凡的景物变成胜景似乎就维系在景物之境与匠人之心的两端。"境心相遇"正是为了接通万物。我们发现屋顶花园是令人愉悦的，每当我们走进它，总是感到会与其他地方不一样，是一种来自身体及心灵的愉悦。在分析出"境与心"两者关系的基础上，房山区人民政府第三办公区屋顶花园整体由三栋大楼分割成四个独立空间，形成四个小花园。考虑到办公区人群的心理需求，我们将其分为独处、聚会、谈心、游思四种功能，形成静观式、聚集开敞式、散置多空间式、回游式四种空间形态，并将之命名为心语园、喧聚园、聆听园和游思园，从北到南分别代表这几种空间形态不同的心灵感悟。

心语园主要营造独处的空间意境，通过圆形的花境、灰色调的铺装、成丛的常绿植物、特色花箱和弧形灯箱烘托出简约、空灵的感觉，适合独自在此冥思遐想，任思绪扶摇而上。空间构图有意识地以圆形与横向线条互穿，简单纯净，一个完全静止的景观，一种幽然的远思。冷色系的色彩主要是指青、蓝及其邻近的色彩。在园林设计中能增加空间的深远感，可以作为背景。原本此园面积较小，在种植上有意识地以常绿植物及蓝花鼠尾草为主，蓝绿色植物预示着深远与宁静，整体空间场景被色彩明显拉远，空间变大。冷色调作为背景给人冷静、有秩序的感觉，同时也会让人产生清冷和抑郁的心理。冷暖色调需搭配组合使用，让暖色调增添温暖和温情。

心语园在整体花园空间正中心设置了一个红色的花箱，画龙点睛。红色的花箱点置在整片蓝花鼠尾草中，冷暖搭配，既不破坏整体的宁静，又给人健康积极的感觉。屋顶花园相对于其他园林空间，更强调视觉效应。人们对色彩的要求也不再是一成不变的，色彩在时间上具有延续性。在设计中，应考虑不同时间色彩的变化，如一年四季植物色彩的变化。

喧聚园形成四面围合、中间开敞的空间布局方式。通过多样化的条形种植带、舒适的木栈道、精致的景亭营造出既有通过感，又有内聚性的空间感觉。在空间中心点设计景亭和木平台广场，强调此园聚集开敞式的空间形态。景亭，"亭者，停也"，"亭"之物境就是通过与人的"停"心相遇，即为中国式的意境，将人聚集于亭内。适合工作之余在此聚会小憩，也可会同团队成员在这里高谈阔论、一抒胸怀。

聆听园以散置、多空间分布的方式，采用肉质地被结合灯箱、花池、花带、步道、镜面花台，表现出颇具深意的禅意空间，适合二三知己良友在此坐而论道、感悟人生。中心地带以精细整齐的种植方式形成"CSD"LOGO特色景观，在高处眺望具有极强的标志作用，于近处徜徉又极具游赏性。空间设计上特意将中心区域以观赏性LOGO种植区为特色，无停留空间，周边散置几个小空间，并各自围合暗示私密性。

游思园以简单的花箱座凳和花带形成回游式的空间形态，结合花卉飘逸的姿态、金银木红色的果实、龙爪枣奇特的形态，呈现一种轻盈、丰饶的景象，给人留有余韵的感觉。空间设计上以错落有致的条形花箱为主体，用一条曲折直线路贯通，曲径通幽，营造一种回游式线性空间，让人在其游思。游思园以条形花箱作为空间主景，我们将花箱喷涂成橘红色，简单的空间立刻活泼起来，场景热闹丰富。橘红色是此园的主题色，单纯的色块纯度高、视觉冲击强、特色鲜明。人在其中有种说不出的喜悦感受，因为人从潜意识里希望通过这些接近阳光的色彩暗示充满活力的生活，找寻青春的活力，符合办公区人们工作的心理。

四个独立小花园在现状中用一条窄小通道贯通，通道以巨大的大楼广告牌标志物支撑杆为背景，现状条件较差。营造成功的内部空间并不意味着与周围环境形成竞争的关系甚至破坏周围环境，我们需要以一种深刻的方式将环境的不利条件转化为有利条件，使主题空间环境形成和谐的共生关系。我们将通道设计成一个长廊，既连接各个空间，又美化了四个空间的景观背景。极富光影变化的长廊，结合现有的广告牌标志物，以植物密密遮盖，一方面严密地遮盖住广告牌标志物的支撑杆，围合出绿色的植物空间，另一方面形成幽静的游廊效果。比起黑暗通道的连通，让人心理更具有安全感。屋顶花园的设计，本质就是对空间的设计。屋顶空间是建筑室内空间的延伸，不同的空间布局能满足人不同的心理需求。好的设计是需要明确意图与周围环境的兼容性，通过空间形态和空间连通的操作，不断引导着人们进入一种引人入胜的状况，达到令人非常愉悦的状态。

色彩能在情绪上满足人的心理，一种色彩能营造一种情绪，色彩之间的搭配就是屋顶花园设计中和谐情绪的运用。在设计中，色彩形状、材质在视觉心理上的比重不同，色彩要远远大于后两项。屋顶花园设计在完成基本功能的基础上，还要进一步追求"境心相遇"的状态，这就赋予了屋顶花园色彩设计更重要的使命。色调的配置与每个园子所要表达的心理功能密切相关。在屋顶花园设计中，我们将冷暖色调的色彩灵活运用。暖色系的色彩波长较长、可见度高，色彩感觉比较跳跃，是一般园林设计中比较常用的色彩。暖色系主要是指红、黄、橙三色以及这三色的邻近色。

植物的色彩也代表了一定的心理含义，如绿色植物代表生命，蓝绿色植物预示着深沉与宁静，黄色植物象征着成熟与富贵等。同一时间不同色彩的植物都会争先开放。我们可以通过

人有悲欢离合

合理的配置，在时间的延续上形成连续的色谱，给人丰富多变的心理感受。在屋顶花园色彩设计中，要强调视觉效应。涉及单纯的色块，应尽可能选择纯度高、视觉冲击强、靓丽浓艳的中明度色彩。涉及色彩配置时，应强调暖色调的前景布设、冷色调的背景功能、主景与背景的明度反差以及色彩的视觉冲击效果，并考虑色彩在时间上的延续性，提供更人性化的屋顶空间。

由于屋顶种植环境的特殊性，限制了对植物种类的选择和应用，加上屋顶土层薄、光照时间长、昼夜温差大、湿度小，应尽可能选择一些喜光、温差大、耐寒、耐热、耐旱、抗风、不易倒伏，同时又耐短时积水的植物。在考虑养护管理方便、防水处理合格、植物选择合理的前提下，屋顶花园的植物配置与人的心理密切相关，从季节性配置和主题植物配置两方面分析。

人们对四季的感受越来越深刻和向往。四季的变化在心理上提示着人们光阴似箭、珍惜美好的生活。在屋顶花园设计中，我们对植物配置有意识地按季节分类，对四个花园赋予不同的季节主题，并将季节主题与四个花园的心理功能融合，让四个花园更直白地展示着季节和生命的变化。①心语园——独处——冬园。心语园的静谧空间，与冬季洁白的万物景象相似，植物配置以常绿植物为主，配置了造型油松、龙柏、小白皮松等。植物颜色以墨绿色为特色，显得空间深沉宁静。②喧聚园——聚会——春园。喧聚园是人流聚集的空间，营造春暖花开的景观感受。植物配置以春花类植物为主，配置丁香、西府海棠、樱花等，显得空间温馨浪漫。③聆听园——谈心——夏园。聆听园为散置多空间的布局，中心区域强调观赏性，植物配置以夏季开花类植物和观赏性植物为主，配置了紫薇、花石榴、景天类植物，显得空间富有观赏特性。④游思园——游思——秋园。游思园营造回游式的空间，用秋季秋色叶植物与此搭配，配置了金银木、山楂、地被菊、龙爪槐等，让空间充满活力与温暖。

屋顶花园不适宜种植高大乔木，为使种植有特色，可在地被选择上用心考虑。经过实践发现，景天类植物和菊花类植物

围合空间的场所精神

在屋顶上种植效果理想，同时生命力旺盛。房山区人民政府第三办公区屋顶花园配置了金叶反曲景天、八宝景天、三七景天等多种景天类植物，因景天类植物叶片多肉质，保水能力强，很适宜在屋顶生长。我们将其打造成景天类植物主题乐园，让人觉得趣味好玩。

房山区人民政府第三办公区屋顶花园配置了金光菊、蛇鞭菊、松果菊、粉色地被菊等多种菊花类植物，因其喜光、开花色彩艳丽，且花期较长，具有极强的观赏性。配置多种菊花类主题植物，供人欣赏的同时进行科普教育，增加人们对植物的好奇心。在有限的屋顶空间里，一些经过精心设计的园林小品是必不可少的，它可以加强室内外空间的联系，引导人的视觉感受，美化人的心理。

用镜面的不锈钢板围合出"CSD"LOGO种植槽，镜面的反光可以让种植槽里的景天类植物显得密度极大，能映出远处的美景，很自然地拉长了景深，并搭配细叶芒、大花月季等植物，材质与植物完美融合。将一些装饰性构图结合光影变化运用在小品设计里，如我们将雨水箅子设计得曲线妖娆，如水波荡漾；长廊的细节仔细斟酌，与光影结合变化丰富，有影射与暗示的作用，人在其中感受唯美。我们可以在设计中考虑运用特色材质、装饰性构图、光影分析等进行细节设计，这些细节的全部重心都是为了让人工之物融入周围的理想环境。梁启超曾说："境者，心造也。一切物境皆虚幻，惟心所造之境为真实。"营造"境心相遇"的屋顶花园正是通过屋顶花园造园手法与人的心理相关联，接通万物，营造让人愉悦、有情趣的屋顶环境。

　　屋顶花园的设计未来会更关注使用者的健康、安全和心灵

境者，心造也

体验，真正达到形神兼备的境界。我们希望通过实践总结更多屋顶花园的营造手法，为人们提供一个四季多变、色彩鲜明、空间复合、细节精致的"空中花园"，一个给心灵栖息的空间，为表现城市的时代风貌、推进城市空间立体绿化建设做出贡献。

2. "大道"从减法开始

万物之始，大道至简，衍化至繁。

——老子《道德经》

世界原本是简单的。大道至简，在中国古代很有表现力，最具代表性的就是文人山水画，一张白纸上寥寥几笔，其他都是留白，虽然内容很少，却给人留下了很大的想象空间，一种"言有尽而意无穷"的感觉跃然纸上。八大山人一句"墨点无多泪点多"，前半句言简意赅地道出了中国画的艺术特色，后半句表明了自己所寄寓的思想情感，只有沿着这条线索，才能试图去理解和欣赏这位画家的艺术内在。西方绘画与摄影偏向于片段的形式，而中国山水画带有一种时间的游历过程，当毕加索的立体派遇到范宽的《溪山行旅图》时，它们却互相通融了。

纵观历史不难发现，一个朝代越到没落的时候越繁复，中国的封建制度发展到明清时期，开始逐渐变得混乱。文明上升期的时候是简单的，秦汉时期、唐宋时期，所有的东西包括建筑形式和色彩都是简单的。所有留下来的古代园林建筑，都是盛世的时候做出来的，战争时期，兵荒马乱，没有人建造园林，所以会有"乱世毁园林""盛世才能做园林"的说法。如果一个时代景观园林发展了，那也就代表着生逢盛世。

在古代园林山水中研习真意，做一些简单、有丰富内涵的设计，给人们一个想象思考的空间，甚至是互相交流的空间。现在中国传统文化该如何走向现代化，问题的关键就在于简约的形式如何得到解决。有些所谓的新中式建筑，不过是一些传统文化符号的堆砌，让人徒增反感。

大道至简在密斯·凡·德·罗的建筑设计哲学中表现为"少即是多"，主张流动的空间。利用新材料、新技术为主要表现手段，达到技术和艺术的协调统一，筑造精确完美的艺术效果。这里的"少"是相对的，不是目的，而是手段，否则越少越好，艺术又会走入另一条歧路。

密斯·凡·德·罗设计的作品中每个细部都达到了绝对精简的境界，有些建筑结构虽然暴露，却达到了建筑艺术的层面。后来由于形式上的精简，容易被模仿，很快影响到世界各地，也影响了其他领域的设计。虽然后来缺乏早期现代主义乌托邦式的社会理想及批判精神，众多模仿者也未必如密斯·凡·德·罗一般注重对细部结构的处理，但现代主义成为一个高峰。从密斯·凡·德·罗的设计哲学中可以看出，即便是简约含蓄的空间设计，也往往能达到以少胜多、以简胜繁的效果。少，或许有人可以做到，但是少而不薄，少而不贫，少而有料，少而有趣，通过少投射给人们一个无限想象的空间，这是很难有人做到的。中国画做到了，八大山人做到了；建筑也曾做到过，密斯·凡·德·罗做到了。美国建筑师丹尼尔·里伯斯金设计的柏林犹太人博物馆，从平面上的构图可以

简单的造型，深邃的理念

看出，是由两条线组成的。笔直的一条线代表了日耳曼文化，曲折的一条线代表了犹太人的传统。博物馆的草地上不同方向穿插的线形铺装与建筑外墙上纵横交错的线形窗户相互呼应。共有三条线路通过博物馆，第一条长长的线让人想起柏林悠久的历史，它通向上层陈列室。其他两条中，较长的线路通向没有出口的"大屠杀之路"。博物馆外有 49 根粗糙的混凝土柱，柱的顶端都种了沙枣丛，混凝土柱中填入从耶路撒冷收集的泥土，所有的柱子都向博物馆方向倾斜。博物馆内部不对称的布置会给人一种不安的感觉，用来代表"历史的灾难"，设计者希望参观者觉得不稳定，甚至有一种晕船的感觉，让人们充分地体验犹太人漂泊的历史。从地铁站通往庭园的线路中要通过一扇玻璃门，让人想起只有逃跑才有自由，也许它是犹太人逃离柏林的一种象征。设计活动就是用思想和行动筑梦，这个筑

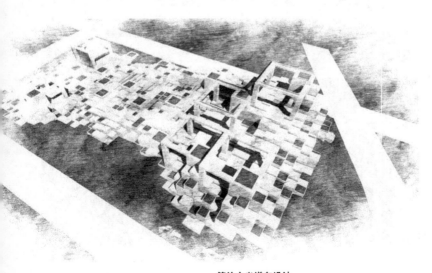

简约主义进向设计

梦的过程包括技术与艺术，而好的设计就是将艺术与技术高度结合在一起。

艺与术是人类世界的两个翅膀，缺一不可，艺是人类思想的体现，术是人类能力的体现。艺术可以让人更幸福。什么是幸福呢？就是如人所愿，达到预期就是幸福，但是预期必须容易达到。

前可见古人，后必有来者。何况国际流行的简洁明快的简约主义方兴未艾，现代人的快节奏生活和满负荷工作已经到了无以复加的地步，人们都渴望有一个简洁纯粹的空间，让身

以有涯随无涯，殆已

心得到彻底的放松。这是人们在现实生活的疲惫中、潜意识支配下产生的一种去繁从简、追求自然的心理。大道至简的关键在于做减法，最终实现的要素是关注。吾生也有涯，而知也无涯。如果不做减法，以有涯随无涯，殆已。生活本就不易，要学会做减法。月盈则亏，水满则溢，凡事要留有余地。中国美学疏而不空，满而不溢，在于善用留白，对内容之外充分挖掘，发挥了充分的想象力。

3. 设计的"左右手"

在艺术作品中，最富有意义的部分即是技巧以外的个性。

——林语堂

建筑领域中技术与艺术的关系是人们一直津津乐道的研究课题，无数人试图通过分析比较论证两者的绝对关系，但是都没有最终定论。反倒是有一种视角值得商榷，那就是用线性发展的眼光看待建筑技术和艺术的关系。

胭脂河的老街和近江八幡风貌相似

毋庸置疑，新材料的出现、新技术的革新必然推动建筑的发展；新思想的成形、新流派的诞生也将促进建筑的前行。又何止是建筑领域，其他领域莫不如是，人文与科学是人类进步的两个翅膀。一定程度上艺术代表人文，技术代表科学。随着科学技术的更新迭代、文化艺术的发展前行，整个社会随之进步发展。只不过建筑作为技术表现的先锋载体，又恰好是艺术表现的前沿阵地，所以一直以来备受关注与争议。

建筑的审美必须考虑大众的审美水平，然而当今的教育只能在美术中学到部分建筑的艺术成分，所以大众的审美水平一般都停留在"好看"的层面上，而欣赏建筑技术的奇巧之处则更是困难得多。即便如此，也不妨碍时代的审美变化和对功能的进一步需求，建筑艺术和技术也随之发展。

建筑的技术性和艺术性是建筑最重要的两种属性，技术是物质层面，艺术是精神层面，正如建筑的一体两面，是相辅相成的关系，也好比一驾马车，只有并驾齐驱才能协调统一。

基于新材料和新技术的现代主义建筑比较强烈地体现了建筑技术对建筑艺术的影响，人们一度惊诧，继而开始崇拜技术，尤其是对工业生产的提倡，现代主义建筑一度甚嚣尘上，强大的表现力开始在建筑上占据上风。直到人们对这种制式建筑开始厌烦，后现代主义应运而生，其实是对技术越位的一种清醒认知和反抗。法国蓬皮杜中心之所以成功，并不在于对技术处理的艺术化，而是因为成功诠释了技术和艺术在建筑领域相辅相成的关系。

法国艺术家丹尼尔·布伦的首个大型永久性装置作品"钻石和圆",用其标志性的黑白条纹和热烈多彩的几何图案,让伦敦托特纳姆宫路地铁站的面貌焕然一新。艺术在为公共空间带来全新改变的同时,也以更平民化的方式融入了城市文化生活体系。不过建筑与其他需要磨合技巧的艺术还是有区别的,建筑的技术成分首先不是服务于艺术成分,而是服务于建筑的基本功能,是为了满足人们的日常生活需求。

艺术源于生活,又高于生活,景观艺术同样基于景观技术,但并不代表高于景观技术。景观艺术的发展离不开景观技术的支撑。为了更好地诠释景观艺术,设计师往往会寻求更先

小区中的古建

进、契合的景观技术，也从侧面说明了景观艺术对景观技术的推动作用。不过也有人说中国的艺术成分在学院，技术成分在民间，不能否认确实存在这样的客观事实。

设计的技术与艺术是左手和右手的关系，是手心与手背的关系，是相互影响的关系；技术一定程度上决定艺术，艺术能影响技术的发展，两者是统一的整体，谁也不能脱离对方而单独存在，厚此薄彼的结果只能是畸形的发展。技术与艺术具有一种矛盾运动的内在规律，设计正是不断地解决这种矛盾的过程。无论是什么设计、什么维度，艺术与设计如孪生一般全都受思想的指引，都是紧紧衔接在一起，相互依存，一个好的设计作品必定是艺术与技术的高度统一。其实我们从色彩上分析就能感受到外部自然对各个国家艺术上的影响，如英国冷峻、法国光道、俄罗斯厚重、美国饱满、日本清淡、中国计白当黑。比如英国画家彼得·米勒是英国早期专画名牌汽车的水彩画家，他的画以冷色为主，就是当时英国大雾的写照；再如凡·高，出生于荷兰，但大部分画作是在法国完成的，他画作中的色彩都是较为奔放、夸张的，他摒弃了绘画初期暗浊、沉重的色彩，采用了一些高明度、高纯度、高亮度的色彩，创作出了一种极具现代感和时尚感的色彩装饰效果，他的油画也因此愈发鲜亮起来。而俄罗斯油画色块凝重，笔触浑厚有力，不拘泥于小节，并且也能展现出很多意想不到的细节。美国画作以饱满的暖色调为主，如著名插画家诺曼·洛克威尔，常常通过对日常场景的细致欣赏，特别是小城镇生活，展现浓厚的人情味和戏剧性，他描绘的东西常常具有一定的魅力和幽默感。

苗寨风貌

1948 年，《克里斯蒂娜的世界》使安德鲁·怀斯成为家喻户晓的写实画家，作品描绘的是患小儿麻痹症的克里斯蒂娜·奥尔森拖着身子，用腰部以下肢体在美国缅因州广袤的玉米田中爬行的背影，所呈现的孤寂与坚强让世人备受感动；《1946 年冬》是他思想转变后初期的作品，描绘一个男孩从山坡上直奔下来，神色惊惶，他以此来发泄对父亲之死所唤起的恐惧、失措的感情。日本画家葛饰北斋的画作《神奈川冲浪里》描绘的是一组以富士山为主题的画集《富岳三十六景》中的一幅。日本的自然符号最明显的就是大海和富士山，日本的枯山水就是对其的提炼与浓缩。《千绘之海》以各地的打鱼场景为主题，或波光粼粼，或惊涛骇浪，其间是各种身姿的渔夫，构成了富有情趣的图景。

"计白当黑"则是中国画中虚实相生的哲理，正因为有这种哲理，中国画才能表现出自己独特的妙境。无空不能存虚，无虚不显其实，其实虚实是对立的，但虚实也是相辅相成的，

可以互补。徐渭的绘画最能体现这一意境。徐渭，字文长，号
青藤道士。王长安先生概括徐渭的人生经历：独特一生，落魄
狷狂，斑斑血泪。徐渭自己写诗说："天下事苦无尽头，到苦
处休言苦极。"人们常说观其诗，如嗔如笑，如水鸣峡；观其
画，浓淡徐疾，纵横淋漓。齐白石曾说："恨不生三百年前，
为青藤磨墨理纸。"

青藤书屋的主人就是明代晚期杰出的书画家、文学艺术家
徐渭。齐白石曾自称"愿为门下走狗"，以表达他对徐渭的崇
拜之情。青藤书屋位于绍兴市区前观巷大乘弄 10 号，是徐渭

青藤书屋庭院

的出生地和读书处，明末画家陈洪绶也曾住在此处，是青藤画
派的发源地。青藤书屋为庭园式民居建筑，庭园内有天池、漱
藤阿、自在岩等，均为明代遗存，属省级文物保护单位。面积
不大，环境清静，优雅不俗。屋子为石柱砖墙硬山造木格花窗
平房，共有两室。园中有一石柱立于小水池之中，柱上刻徐渭
手书：砥柱中流。水池长宽皆不足 3 米，却名之曰"天池"，
徐渭自号"天池山人"以矢心守死此间，把这小石称为"砥柱
中流"以寓己志，表达"推倒一切之豪杰，开拓万古之心胸"
的豪气。

4. 漫步中国园林世界

谁道江南风景佳，移天缩地在君怀。

——王闿运《圆明园词》

　　每个不同的国家和区域都包含不同的人文文化的设计风格。中国园林在世界中更是有着深远的历史，独特且带有深意的设计延续至今，是园林界中不可或缺、独具一格的风景。中国园林的伟大在于"意料之外，情理之中"这句话，非常符合中国审美文化。老师举了一个例子：泰山之上，有一巨石上书"虫二"二字，见者皆不解。其实那两个字为明朝一位翰林学士所写，近代众多上山的人都不知其意，有次郭沫若曾对人解释过此二字："虫二"之意即为"风（風）月无边"，"风（風）月"无边（无边框）就是"虫二"，所以说中国到处都是融入古人文化和智慧的景观。

　　中国园林，或者说大众开始接触中国园林、中国现代园林是在中山公园建成之后。因为在古代中国园林都只属于皇家或者富贾，与常人是无缘的。像众所周知的圆明园、颐和园更是中国园林中的佼佼者。纵观历史，千年来园林不断地更迭变化直至如今仍有着中华文化独有的特色，而在这个过程中对园林文化影响最深的就应该是古代皇权。

　　其实不只是园林，各个朝代的建筑风格、人文文化、衣着均受到当时皇朝的影响。古代皇权统治，皇帝身处皇宫之中，四平八稳、威严庄重，而他的园林却是一种自由的状态，曲径通幽，天地山水融为一体。这就与国外最初的园林发展模式相悖，比如法国因为当时到处都是联邦诸侯，城市分散，没有统一的管理，导致城市中的建筑呈现一种自由的状态。"御花园"又名"后苑"，在内廷中路"坤宁宫"之后。明永乐年间，"御花园"与紫禁城同时建成。园路呈纵横规整的几何式，山池花木仅作为建筑的陪衬和园林的点缀。这在中国园林中实属罕见，主要由于它所处的特殊位置，同时也为了更多地显示皇家气派。但建筑布局仍于端庄严整之中力求变化，虽左右对称而非完全均齐，山池花木的配置则比较自由随意。因而"御花园"的总体布局于严整中又富有浓郁的园林气氛。

景观的境界有三个层次，这源于我们追求一个美好的生活

为老街增添活力

格局，生活格局往往有三个层面的需求：生境，即满足人及环境的最基本需要；画境，即人们常说的风景如画；意境，即满足人们的精神需要。生境是基本的，每个景观都是从生境开始；画境即景观的美感，好景如诗如画就是画境；最高的境界是意境，真正达到意境的景观"只可意会，不可言传"。因为每个人在它身上体会到的意境都不一样。这种意境源于思想，也可以称之为哲学，它需要通过一个载体来物化，中国的艺术家通过大山大水来体现哲学概念。中国古代的山水画，以及源于山水画的园林艺术，都是哲学思想的物化载体。山水画论对于自然山水形象的表达，形成了丰富完善的理论与见解。中国古典园林在创作中融合了诗画艺术，从总体到局部都包含着浓郁的诗情画意，假山是传统园林的重要组成部分，是传达园林意境、表达创作者意图的重要媒介。计成在《园冶》选石中论假山"匪人焉识黄山，小仿云林，大宗子久"。其中提到的云林和子久分别是画家倪瓒和黄公望，可见造园家手中的假山之美与画家笔下的山石之美有着许多共同之处。我认为，假山创作受到魏晋以来山水画论的启发，从立意、构思到具体技法都对画论中的理论有所借鉴。魏晋南北朝时期，社会动荡，政权更迭频繁，面对频发的战乱，文人士大夫产生了避世思想，这时山水文化盛行，崇尚自然和自由，寄情山水和崇尚隐逸成为社会风尚。这之前的中国画通常以人物或事件为主题，山水作为背景，即所谓"人大于山，水不溶泛"的画法，而在当时山水文化的影响下，自然山水开始成为绘画的主题。山水画成为独立的题材起源于东晋顾恺之的《庐山画》，此画被誉为"山水之祖"。

　　南朝宋山水画家宗炳好游观山水，一生"栖丘饮壑，三十余年"，归来将所见景物绘于壁上，时而抚琴弹奏，观景兴趣盎然。宗炳曰："老病俱至，名山恐难遍游，惟当澄怀观道，卧以游之。"这体现了当时文人与琴酒而自适、纵烟霞而独往的山水情怀。受同样的哲学思想影响，这一时期的园林风格也发生转折。园林产生之初，主要以实用性的苑、囿形式出现；秦汉时期，园林布局主要模仿仙境或再现神话传说；到魏晋南北朝之际，在山水文化的影响下，人们开始在园林中模拟自然，产生了模仿真山真水的自然山水园，假山成为园林中的重要元素。这一时期的皇家园林，如北齐邺城仙都苑、北魏洛阳华林园等都是以筑山理水形成园林的主要格局。这一时期的私家园林最为著名的当属北魏大官僚张伦位于洛阳的宅园，园中以大假山景阳山为主景，精练而集中地表现出了天然山岳形象的主要特征。分析山水画和山水园的产生，我们可以理解为山水画和假山是基于共同的哲学、美学思想而产生的不同艺术形态，因而它们之间必然存在着意境表达与审美要求的一些共同之处，绘画早于园林形成了较为完备的理论框架，这些理论给予假山创作重要的启发，叠山家们借鉴了大量画论中的技法用于假山创作实践。

　　中国的园林假山脱胎于中国传统文化，受哲学、艺术等多方面思想的影响，而在这其中，绘画艺术对假山艺术的影响尤其明显。中国古典园林在创作过程中借鉴了诗画艺术的精髓，包含浓郁的诗情画意。中国古代文人往往用石头来拟人，用"瘦、透、皱、漏、丑"的标准来衡量一块石头。因为几千年

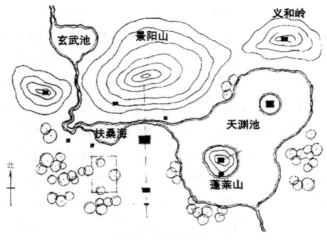

前有照、后有靠的宅园

的皇权统治，让真正的知识分子无法发声，他们要抗争，要告
诉世人我们虽然很"瘦"很"丑"，但我是石头，我很"硬"。

　　山水画发展至唐代，技法日趋成熟，既注重客观物象的描
述，又注入了主观意念和感情。唐代画家张璪在《绘境》中提
出"外师造化，中得心源"，这也形成了中国山水画创作的准
则。唐代诗人王维的诗画作品总是生动描写山野自然风光，被
称为"诗中有画，画中有诗"。直至后世，这种浪漫主义风格
成为中国山水画的主流。画家多注重个体心境的体验，作画的
目的并不在于描摹客观事物，而是营造一种意境，表达自己的
感情，绘景只是手段，抒情才是目的。

　　意境是中国古代独创的一个概念，庄子讲"不精不诚，不
能动人"。中国山水画家追求象外之象，在山水画作品中注入

启导性和象征性，托物以言志。山水画并不是具体复制自然景物，而是通过对自然景物的提炼，创作出画家心中的山水，借山水画表象尽抒胸臆。

山水园开始于模仿自然真山真水的实践，至唐宋时期，人们开始从山水中找出规律，并加以归纳提炼，不拘泥于形态的相像，而追求气势和意境的契合。皇家园林如艮岳，在方圆仅十里 ① 的范围内造出千岩万壑的景观，《宋史·地理志》记载，艮岳"以十里之山而具千里之势，九十步之峰而与泰、华、嵩、衡等高"。这些都是通过对自然山水的高度提炼来实现的。至明清之际，江南私家园林中的假山，更是在城市中的方寸之地间形象地表达出山体的气势和变化，即所谓壶中天地，咫尺山林。另外，山水画家常在画中用题诗作为点题，表达创作意图，一般认为，题诗是山水画作品的重要组成部分，起到画龙点睛的作用，足可见抒情才是山水画的真意。后世的文人造园家在假山堆叠中也借鉴了这一方式，在山石上加入题跋，赋予山石感情和生命力。可以说，假山同山水画一样，都是人们表达内心对自然体验的方式，优秀的假山作品不仅可游可赏，还让人在游赏间体会到作者的心意才情，寻找到心灵的契合点。

中国山水画在发展过程中，出现过不同的色彩风格，大致有水墨山水、青绿山水、金碧山水、浅绛山水和没骨山水几种形式。色彩的选择是人内心情感的体现，中国山水画使用装饰

---

① 10 里 =5 公里。——编者注。

化、夸张化、概念化的设色手法，表达内心情感，因此不同的
画风在不同的社会环境和人群中受到推崇。

例如，在富足强盛的唐代，着色浓重、风格艳丽明朗的青
绿山水盛行，大小李将军的青绿山水独步一时，至宋代这种画
风尤其在宫廷画师中受到推崇。自元代直至明清，士大夫阶层
面对动荡的时局、仕途受挫、异族统治等，只能在老庄哲学中
寻找慰藉，给心灵找到超脱、安宁的栖息之地。老子认为"五
色令人盲，知其白，守其黑，玄之又玄，众妙之门"；庄子自
觉得排斥色彩而崇尚素淡虚空黑白之色。于是画家开始摒弃
"五色"，代之以"素朴"的水墨山水，即文人山水。以赵孟
頫、黄公望为代表的水墨山水使山水画风格为之一变，元明清
画坛推崇清幽、雅逸、疏简，讲究黑白之韵格，追求荒寒清冷
的意境。

同样的色彩观也表现在假山创作中。皇家园林中的假山往
往以彩画建筑和常绿植物加以衬托，浓墨重彩，体现隆重热烈
的氛围，彰显富足尊贵的气度，有青绿山水之美。明清之际，
江南园林中的假山往往以白粉墙来衬托前景部分假山的色彩，
如计成《园冶》中所说"以粉壁为纸，以石为绘"，这与文人
所追求的清雅、简淡风格相一致，具水墨山水之神韵。北宋之
前，山水画注重"远观以取其势"的全景风光，直至南宋开始
描绘"近观以取其质"的山水局部，以马远、夏圭为代表，或
写山之一角，或染水之半边，人称"马一角，夏半边"。简练
的画面构图偏于一角，留出大片空白，即"白黑"的构图手

法，将观者的目光带入一片虚空之中，产生水天辽阔而悠远无限的意境。

　　明清之际的私家园林多选址于闹市，空间有限，一些叠山家们也选择了这种刻画大山局部的造景手法。明末清初叠山家张涟少年学画，以画意垒石叠山，他采用"截溪断谷"的手法，以真实尺度模仿真山大壑的山根山脚，仿佛"奇峰绝嶂，累累乎墙外"。

　　沈约诗《休沐寄怀》说："虽云万重岭，所玩终一丘。"事实上，当人们亲身游历真山时，因"身在此山中"，而只能见到局部的景色，却能给人以无限的遐想。不论是山水画家还是叠山家都逐渐捕捉到这一真实感受，在艺术创作中只是再现真山大壑的局部，使观者由斑窥豹，给人无限的遐想空间，在有限的空间中体味无限的意境。

　　山水画布局反对平淡单调，要有主次变化。主景要突出，同时也需要配景的烘托，画论讲"先立宾主之位，次定远近之形"；对于主宾间的关系，既要有变化，"山头不得重犯，树头切莫两齐"，又要井井有条，次序分明，主宾相辅，各有顺序。"一山有一山之形势，群山有群山之形势"。

　　造园家们将这些对山水画的审美原则应用到假山堆叠中，成为假山堆叠的重要原则，在置石掇山设计中强调主宾分明，主峰突出，次峰呼应；峰峦间充满高低、曲直、陡峭、平坦的

山水屏风

变化；同时，转折回绕，抑扬顿挫中又呈现出变化与统一的节奏韵律。

　　艮岳的叠山由精于书画的宋徽宗亲自参与设计，北部万岁山居于整个山系的主位，其西隔溪涧的万松岭为侧岭，东南面芙蓉城绵亘二里，系余脉，西南面的寿山居于山系的宾位，隔水与万岁山遥相呼应。整个山系主宾分明，余脉延展，又有高低相望、远近呼应，体现了画论中"主峰最宜高耸，客山须是奔趋""定宾主之朝揖，列群峰之威仪"的构图规律。

　　中国山水画采用视点运动的散点透视，使观者能够感受到

开合有致、欲扬先抑的空间

随着游览线路的变化步移景异，在二维空间中体现出了动态的时间概念。开合的变化加入到散点透视的构图中，就形成了有隐有显、疏密有致、开放有序的丰富空间。

开即放，是起或生发的意思，一般是指把景物铺开。合即收，是结尾的意思，即把过散的点聚起来。郭熙在《林泉高致》中说："画中左开必右合，上开必下合。"清代沈宗骞在《芥舟学画编》中说："若夫区分缕折，开合之中，复有开合。"可以理解为：开是制造矛盾，合是统一矛盾。矛盾制造得尖锐而又统一得好，画作就能体现出强烈的气势和艺术感染力。开合是山水画布局的重要思想，这一思想体现在园林堆山中，形成了聚散相依、可游可赏的丰富空间，给游人"山重水复疑无路，柳暗花明又一村"的不断变幻的体验。苏州四大名园之一的狮子林以湖石假山著称，园中假山模拟佛教圣地九华山的峻峰林立，从外看群峦起伏，入其中则曲折幽深，深得开合之真意。

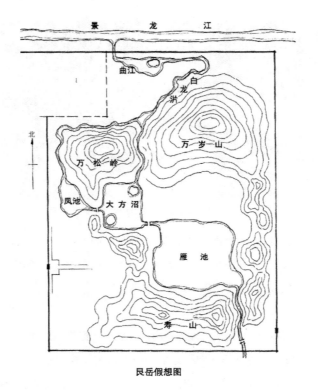

艮岳假想图

"三远"是中国山水画的基本理论，宋代画家郭熙在《林泉高致》中提出："山有三远：自山下而仰山巅，谓之高远；自山前而窥山后，谓之深远；自近山而望远山，谓之平远……高远之势突兀，深远之意重叠，平远之意冲融而缥缥缈缈。""三远"理论同样基于中国山水画独有的散点透视法，使画中空间层次更为丰富。

叠山家们借鉴了"三远"理论，考虑到观者在不同视点的观景感受，注重视距与假山之间的体量和比例关系。仰视有峭壁千仞、如临深涧；远眺有山势起伏、绵亘悠远；平视有平岗山岳、起伏多变。同一座假山，从不同的视距和角度去观赏有不同的视觉效果，从而产生丰富的游览体验。

山水画细部对假山的影响——峰与皴合，皴自峰生。山水画在隋唐以前"空勾无皴"，发展至五代时期"皴染具备"，皴法经历了很长的演变过程而成为山水画的重要技法。山水画中，以皴擦的笔法表现山石的脉络、纹路和向背，不同的皴法表达了山石的不同种类、不同风化程度、不同走向和不同的视点角度。例如，董源、巨然善用披麻皴加墨点、加矾头，马远善用大斧劈皴，范宽善用点子皴，石涛善用披麻皴破笔点，倪瓒善用折带皴。

计成在《园冶》中谈道："画家以笔墨为丘壑，掇山以土石为皴擦。"叠山家们在塑造山石细部时，借鉴绘画中的皴法，针对不同的石品，用不同的皴法塑造不同的山石形态，表达不同的意境。一般来讲，黄石、青石等节理面较为方正的石品适合用斧劈皴或折带皴以表现坚实、陡峭的石山；湖石外观圆润柔曲、涡洞相套，适合用荷叶皴、披麻皴以表现玲珑剔透之美。

除皴法外，叠山从山水画中还有诸多借鉴。李渔的《芥子园画传》中所讲山石画法，如画山起手法、诸家峦头法、流泉瀑布石梁法等几乎可以原状不变地运用于假山创作之中。

"一池三山"的景观环境

斧劈皴假山纹理

披麻皴假山纹理

荷叶皴假山纹理

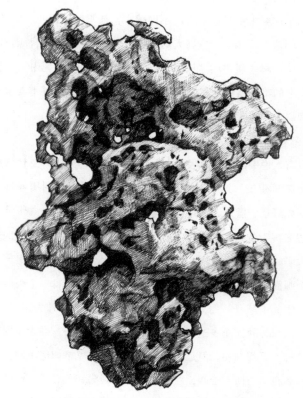

太湖石，石产水涯，惟消夏湾者为最，性坚而润

如今，科技进步，不仅能看到蕴含哲学理念的大山大水，还能看到宇宙星云，甚至微观构造，所以说现代设计是"不知身在何处，形状无法描述"。

设计手法上，第一阶段可以运用园林的五大要素——植物、地形、铺装、水体、小品，来满足群体和个体要求。满足群体要求就是划分好不同的功能，创造不同空间，提高人的舒适度，满足不同社会人群、不同阶层和不同年龄人群的要求；满足个体要求就是通过人的不同感官，如嗅觉、视觉、触觉、听觉创造不同感受，提高人的舒适度。第二阶段是精神需求，即传统园林中所讲的"托物言志"，用园林手法体现中国人积极向上的美好精神是我们设计的最终目标。当人的基本需求和心理需求得到满足后就会追求更高的精神需求。

有人说中国园林总吸引人们向前走，而西方园林是让人们坐下来冥想的，这样形容是有依据的。中国园林利用各种手法，如障景、借景、夹景，把有限的空间无限放大，并带给人们想去探索的兴趣。它的手法与中国山水画有异曲同工之妙，引入了时间中散点透视的理念，即游山玩水的感受同时出现在一个画面中。而西方园林与西方绘画如出一辙，每一个画面都是一瞬间的感受。西方园林可以靠不同的立面刻画表现出来，而中国园林的立面表达刻画就不能使用这一方法，因为中国园林仿佛一直都在动。但是不管中西方园林的风格如何不同，它们都源自于中西方绘画，西方绘画注重画面和色彩，而中国绘画中的散点透视和托物言志则用到了中国园林中。清雍正三年

（1725 年）圆明园进行扩建，《日下旧闻考》中记载乾隆四十景中有二十八景是雍正题过的，就是说雍正时期的圆明园已有二十八处重要的建筑庭园，即正大光明、勤政亲贤、九州清晏、镂月开云、天然图画、碧桐书院、慈云普护、上下天光、杏花春馆、坦坦荡荡、万方安和、茹古涵今、长春仙馆、武陵春色、汇芳书院、日天琳宇、澹泊宁静、多稼如云、濂溪乐处、鱼跃鸢飞、西峰秀色、四宜书屋、平湖秋月、蓬岛瑶台、接秀山房、夹镜鸣琴、廓然大公、洞天深处，另外还有舍卫城、紫碧山房、深柳读书堂等。圆明园经英法联军劫掠后至今已残垣断壁，但从部分图档及《日下旧闻考》等书中尚能获得概貌，其原有大小建筑总计一百二十余处，建筑组合无一雷同，每组建筑都组成一个庭园空间。这些庭园都是利用叠山理水及建筑院落相互穿插而成，用水系、桥梁或园路相互联系，具有代表性的建筑庭园有廓然大公、天然图画、汇芳书院、万方安和、濂溪乐处、四宜书屋、方壶胜境等。另外长春园景区的西洋楼有西洋庭园三处，突出体现了勒诺特式园林的特点。

《赤霆经》中说中国地图就像一个人的形象，头部在西北高原，右肢在川陕，左边是京冀，黄河、长江是血脉，再往下走徐州、浙江等地则为腹部与腿。圆明园便以此布局形式设计，其中也包含着佛教元素。古代的皇家园林"就是移天缩地在君怀"，就是把中国的九州缩小后放在一个人身上。承德避暑山庄呈西北高、东南低，和中国地形是一样的，乾隆喜欢在湖区理政，因为他喜欢江南风景。

志莲净苑大雄宝殿前庭园

当然，园林不仅有皇家园林，一些地方的富贾豪绅也会为自己建造一个私人园林，不过因其耗资庞大，能拥有私家园林的寥寥无几，即便无法建造大型的园林，那些地主甚至小资商贾都会给自己置办一所大宅。于是，庭园也是一个小的园林，它是园林的缩影，这直接影响了民间以"院"为"园"的建筑风格。

颐和园的前身为清漪园，是一座以万寿山、昆明湖为主体的天然山水园。明代谓之西湖，后经历清朝皇家不断修建、扩建形成了现今的颐和园，成为北京西郊的皇家园林典范。依山濒湖分别由智慧海、宝云阁、鱼藻轩、清华轩、介寿堂、对鸥舫、佛香阁、排云殿、云松巢等建筑庭园组成，形成基本对称的布局形式，居高临下俯瞰昆明湖，形成远水近山的景观。人们行走在不同庭园，空间变化多端，如入迷境，当走到最高处又可以看到南部建筑庭园大小错落，尽收眼底，豁然开朗，东望北京，西望玉泉山，前望昆明湖，远近景观浑然一体。万寿山的东边有东寿堂、宜芸馆、玉澜堂三组建筑及园中之园谐趣园，这几组建筑庭园各具特色，有平地庭园、山地庭园及水庭园，是古典园林山林水庭园的经典范本。谐趣园前身为惠山

树上蝉声呦呦，树下禅声悠悠

夹景与佳境

园，是乾隆时期以江南寄畅园为蓝本所做，最具皇家庭园中的江南情调。万寿山后，三层台地南半部为须弥灵境建筑群及庭园群，形成四大部洲和八小部洲，万寿山后山靠崎的部分为云会寺、赅春园、味闲斋、构虚轩。临水的有绮望轩、绘芳堂、看云起时，东半部为善现寺、花承阁，临水为澹宁堂。万寿山后山东边为谐趣园和霁清轩两座典型园中园。日殿、月殿、四色塔是仿西藏桑耶寺建造的。除万寿山、东宫门建筑群外，昆明湖中南湖岛上的涵虚堂及西堤耕织园中的建筑庭园也各具特色。颐和园经光绪重建后已非一般的行宫御苑，而成为帝后长期居住兼作政治活动的离宫。

另外还要单独说一下庭园，中国园林最具特色之处在于庭园，它不同于西方的处理手法，庭园空间能为人的身心提供休憩之所，通过与自然的对话以及亲情之间的交流，人们可以减轻心中的压力，颐养性情。正是基于庭园的诸多优点，中国和西方的人们都对它情有独钟。从奴隶社会的夏商周宫殿庭院到

欸乃一声山水绿

封建社会大量民居庭园，从爱琴文明中克里特岛克诺索斯宫殿庭园到法国的城堡府邸庭园，庭园自人类文明之始，就以其亲和的姿态得到人们的肯定，而且无论现在还是将来都会是人们心目中的世外桃源。

要想理清庭园的发展脉络，必须分清若干概念，如庭院、庭园及园林之间的关系及区别。庭院是指建筑物前后左右或被建筑物包围的场地，这里的"院"有围合的意思。而庭园是指与建筑相连的一片土地，通常把其全部或一部分用来种树木、花草、蔬菜，或相应地添置设备或建造建筑物以供休息。可以讲庭园的空间范围，应比庭院范围大，由于人类的发展首先解决的是衣食住行等基本需求，后来才是建造一定的设施、种植植物来增加生活情趣，所以庭院的出现应比庭园早。庭园中的"庭"字出现较晚，殷商甲骨文及商周金文中都没有，最开始

"廷"与"庭"通，"廷"字出现在金文中，指室外的围合平地。《说文解字》中提道："庭，宫中也。"《玉篇》中提道："庭，堂阶前也。"《骈字分笺》中认为"有藩曰园"。最初的园可以理解为由竹篱围绕的种植场地。从以上的"庭"字与"园"字的本意分析可以知道，它们都表示一种空间概念，其中"庭"侧重于建筑物或构筑物附近的场所空间，而"园"更强调周围环境的营造，它们组成"庭园"一词。

所谓"园林"一词，见于西晋诗文中。如西晋张翰《杂诗》中有"暮春和气应，百日照园林"。北魏杨衒之《洛阳伽蓝记》评论司农张伦的住宅时说："园林山池之美，诸王莫及。"唐宋以后，"园林"一词的应用更加广泛。在中国古籍里，根据不同的性质也称园囿、苑、庭园、园池、山池、池馆、宅园、别业和山庄等。园林是指在一定的地域运用工程技术和艺术手段，通过改造地形、种植树木花草、营造建筑和布置园路

设计就是意识形态拥抱意识转化成形态，中式意识的中式形态

等途径，创作而成的美的自然环境和游憩境域。中国园林布局为集锦式布局形式，可以说从某种角度来看，园林是由大小不同的庭园及附属空间组成，而庭园是由不同大小的庭院组成。

现代意义上的庭园随着人类社会发展的复杂性形式变得多样，理景的方法也变得多样，并随着日后的发展还会有更多新形式出现。传统的庭园概念已无法涵盖新的庭园空间形式，现代庭园出现了新的内涵。综上所述，本书提出的庭园概念是指在自然环境或人造环境中与建筑物或构筑物一起组成的景观境域，其中分成两个部分，一是古典庭园，二是现代庭园。庭园设计无论是形式或功能，都是当时社会各方面的综合反映，这样的结论对我们探索未来庭园设计的方向及风格提供了指导意义。

庭园式建筑组合是中国传统建筑的基本群体组合方式。即便如此，庭园仍有着不足之处，仍有着诸多我们应学习借鉴的地方。如以北方、江南、岭南三大地方风格为代表的私家园林都创作出了许多优秀的园林作品，其中包含着成熟的园林设计技术。但其中也有一些因为当时的时代思想造就的过分拘泥于形式和技巧、流于纤巧琐细和因循守旧的倾向，所以对于古代园林设计，当代设计师应汲取其中养分充分吸收，并摒弃古代园林设计中的杂质。

北方皇家园林和江南园林介绍得相对多一些，岭南园林介绍得就相对少一些了。用现代手法营造山水最早的岭南园林可

志莲净苑仿日本凤凰阁设计，凤凰阁仿的是唐朝建筑

上溯到五代南汉时的"仙湖"，它的一组水石景"药洲"尚保留至今。清初岭南地区经济比较发达，文化水平较高，私家造园活动开始兴盛，逐渐影响到潮汕、福建、广西、海南和台湾等地。到清中叶以后日趋兴旺，在园林布局、空间组织、水石

陕西岐山凤雏村西周住宅平面

梁园水景

运用和花木配置方面逐渐形成自己的特点，终于异军突起而成
为与江南、北方园林鼎峙而立的三大地方园林之一。顺德的清
晖园、东莞的可园、番禺的余荫山房、佛山的梁园（十二石
斋），号称粤中四大名园，它们都较完整地保存下来，为岭南
园林的代表作品，其中以余荫山房最为有名。此外，台湾的林

本源园亦堪称岭南园林的优秀代表。

　　梁园主要由"十二石斋""群星草堂""汾江草庐""寒香馆"等不同庭园群组成，规模宏大。梁园由当地诗书名家梁氏叔侄四人于清嘉庆、道光年间建成，历时四十余年，是清代岭南园林的典型代表之一。其布局巧妙，岭南式庭园空间变化迭出，格调高雅，尤其是奇峰异石作为重要选景手段，包含"平庭""山庭""水庭""石庭""水石庭"等岭南特有的组景手段。梁园奇石达四百多块，有"积石头比书多"的美誉，各种石品在庭园中或立或卧，姿态万千。

　　余荫山房位于广州市郊番禺县南村，园主人为邬姓大商人。此园始建于清同治年间。园门设在东南角，入门经过一个小天井，左边种蜡梅一株，右边穿过月洞门以一幅壁塑作为对景。折而北为二门，门上对联："余地三弓红雨足，荫天一角绿云深"，点出"余荫"之意。进入二门，便是园林的西半部。

余荫山房入口

西半部以一个方形水池为中心，池北的正厅深柳堂面阔三间。堂前的月台左右各植炮仗花一株，古藤缠绕，花开时宛如一片红雨，深柳堂隔水与池南的临池别馆相对应，构成西半部庭园的南北中轴线。水池的东面为游廊，当中跨拱形亭桥一座。此桥与园林东半部的主体建筑玲珑水榭相对应，构成东西向的中轴线。东半部庭园面积较大，中央开凿八方形水池，有水渠穿过亭桥，与西半部的方形水池相通。八方形水池的正中建置八方形的玲珑水榭，八面开敞，可以环眺全园之景。沿着园的南墙和东墙堆叠小型的英石假山，周围种植竹丛，犹如雅致的竹石画卷。园东北角有方形小亭孔雀亭，贴墙建半亭来熏亭。水榭西北面的平桥连接游廊，通到西半部。余荫山房的总体布局很有特色，两个形状规整的水池并列组成水庭，水池的规整几何形状受到西方园林的影响。广州为清代粤海关的所在地，是主要的外贸通商口岸，吸取西方的物质文明自然会早得多。

园林的南部为相对独立的一区愉园，是园主人日常起居、读书的地方。愉园为一系列小庭园的复合体，以一座船厅为中心，厅左右的小天井内散置花木水池，形成小巧精致的水局。登上船厅的二楼可以俯瞰余荫山房的全景以及园外的景色，多少抵消了园内建筑密度过大的闭塞之感。

在这里还是要说一下日本庭园。日本庭园分成回游式、静观式和混合式。枯山水是日本庭园的精华所在，其最具代表性的是石组、石灯、洗手钵、尘穴、水井和植栽。枯山水中的石组，有传统的五行石，代表金、木、水、火、土五种物质。五

余荫山房水景

行石分组一般按一块、两块、三块、五块一组或数块一组，用来点缀庭园。一块石，一般选好石用来单独欣赏。两块石，一般由立石和伏石配合。三块石，有两种组合形式，一种按五行石组合，一种按天地人组合；"天"石最高，"地"石最低，"人"石居中。五块石，常用瀑布或宝船等形式，除注意平、立面关系外，对各石的朝向、气势也很讲究。石组的另一类组合形式是按佛教教义来组石，有须弥山石组、三尊石组、九字石组等样式。石组中还有一种为幻想的，它由蓬莱石组、龟石组、鹤石组、夜泊石组、七五三石组等组成。蓬莱石组是由东海中的仙岛蓬莱、方丈、瀛洲组成的。龟石组通常由七块石块组成，寓意长寿、吉祥。鹤石组由方块石组成，寓意永恒、繁荣。夜泊石组用象征手法，表现在岛边停泊的取宝船。在龙安寺有"虎渡子"石组，共立十五块石头，石头置于白沙滚滚的"大海"中，按三块一组、五块一组、七块一组。石组中还有一种组景方式是景致石组，主要由瀑布石组、枯山水石组、流水石组、桥头石组组成。

　　日本庭园中还有实用型置石，如石灯笼、水手钵等。洗手钵是日本庭园中用来洗手清口的，它是由以洗手钵为中心和周围的数块役石（踏石、手烛石、汤涌石、汲水石、叩拜石等）组成的，高度约为1米。另一种多置于茶庭园的高约20～30厘米的叫蹲踞，蹲踞与洗手钵的区别在于高矮不同。日本庭园中另一种小品就是石灯笼，石灯笼是从中国传去的，日本庭园中不仅有石灯笼，还有木灯笼和金属灯笼。石灯笼的构造从上至下依次是基础、灯柱、中座、大袋、灯顶、宝珠。石类灯笼的形式可有三种：第一种是从古代寺社中来，第二种是从形状上分，第三种是由作者自己创造出来的。在日本庭园中与石灯笼一样作为庭园小品的石塔也是值得一提的。日本的塔与中国人对塔的定位是有区别的。在中国塔分为可攀登的宝塔和用于纪念的宝塔，前者形体高大，后者形体要小得多。而日本庭园中的塔是作为景观来设计的，其形体就更小了，在庭园中最多的景观塔当属五轮塔，塔最下为地轮，呈四角形，高度不定，在地轮之上是球形的水轮。水轮上是三角形的笠形火轮，火轮上是半月形的风轮，风轮上是椭圆形的空轮。地轮四边都有梵文，以供佛教之用。尘穴是茶庭园中用来大扫除时放落叶等垃圾的地方，后来尘穴作为装饰之用。它的形状有四角形、圆形、长方形等，长度、宽度和深度不定。在植物组成中，大的园林与小的庭园是有区别的，庭园中植物种类较少，大园林中植物种类多，数量较大。在大的园林中植物一般按前景、中景、背景来分，前景一般种草或苔藓，中景以灌木为主，修剪成圆头形状，与景石相伴在枯山水里，有时修剪成波形或海船形，背景一般为不修剪的乔木。在日本庭园中还有许多小佛龛及石牌坊。很多枯山水都是石灯、蹲踞、景石、修剪植物、小佛龛、石牌坊的组合，形象非常生动。

一个设计师首先要清楚自己所处的环境是什么样的，小到作品落地位置的周围环境，大到整个国家的内部环境，只有清楚了与环境的关系，才能把自己的思想投射到设计中、表现在作品中，实现从一维到多维的艺术表达。以木为本，见立木而亲，无木则困，木目即相，心目木而想，田木正果，门木是闲，于木西而栖，依木方休。由此可知，崇拜植物是世界民族文化的共性，对植物的图腾崇拜，源于人类的图腾文化。

在自然界长期的共处过程中，人们为植物赋予了人的精神品质和寓意。庭园中植物经常被修剪成抽象或具象的形状来增加环境的趣味性。魏晋南北朝时期，随着对自然美深入发掘，庭园中栽竹、植松、种梅以供朝夕观赏的例子日益增多。如东晋王徽之"尝寄居空宅中，便令种竹。或问其故，徽之但啸咏，指竹曰：'何可一日无此君耶？'"南朝著名学者陶弘景隐居茅山，特爱松风，筑三层楼居之，庭园皆植松，每闻其响，欣然为乐。庭园中种梅的例子更多，如南朝宋时诗人鲍照《梅花落》中曰："中庭多杂树，偏为梅咨嗟。"南朝梁时庾肩吾有诗曰："窗梅朝始发，庭雪晚初消。"可见梅花在庭园中的地位非常突出。另外在中国庭园中，常有几棵树木相配合组成一组简单的园林小景，并被拟人化。在江南园林中有最为常见的岁寒三友——松、竹、梅；梅、兰、竹、菊被喻为四君子；玉兰、海棠、牡丹、桂花表示"玉堂富贵"。这些注重意境的表达方式是中国园林独有的特点。在中国传统文化中经常根据植物的特点加以拟人化。

　　植物在园林中组成的植物庭园小品使人们在欣赏外表美的同时也能感受到意境美，如菊花表现为凌霜不凋、气韵高洁。中国古代常以兰花来表现君子"芝兰生于深林，不以无人而不芳"。荷花也有"不作浮萍生，宁作藕花死"及刘禹锡《爱莲说》中对荷花的描写。关于梅花，辛弃疾写过"更无花态度，全有雪精神"的诗句以及古人"梅花香自苦寒来"等的描写。这种拟人化的比喻是中国古典庭园所独有的，以发人心智、给人启迪。在西方，早在埃及的庭园中就有把树木修剪成圆柱状的先例。罗马时期的乔灌木常常修剪，这就是所谓的树木整形或树木修剪，然后用作花坛的边缘或其他装饰。在罗马帝政时期，越来越趋向于盛大的别墅生活，修剪技术也得到很大的发展，从绿篱及其他几何图形的简单形式逐渐发展到表现所有者及设计者名字的文字、人物及动物，进而修剪出狩猎及船队情景的复杂形状，现代园林及像迪士尼乐园这样的主题园中修剪植物在那时候已经很成熟了。这些经修剪的植物经过意大利台地园时期和法国规则式园林时期，一直延续下来，这期间随着技术的不断提高，可修剪的植物种类越来越多。现在植物造景不只是修剪，还把植物重新绑扎式嫁接，造型越来越丰富，并且不同植物形式传播到了世界很多国家，这些国家根据本国植物、气候的特点，又修剪、嫁接出新的形式和品种的植物。1870 年英国兴起了新工艺美术运动，其结果加强了对古老庭园的研究，对庭园加以模仿和修建，改铸了古代风格的日晷及铝质雕塑，同时修剪植物又重新流行起来。在近代，受到抽象主义、日本庭园、岩石园、主题公园等形式的影响，后来的丹·克雷及彼得·沃克等的简约主义设计更是把植物进行有机的排列，把植物景观当成组景的重要手段。

庭园中的植栽首先要对栽种或修剪的植物特性有所了解，并对它所栽种的周边环境及艺术效果进行充分设想。如采用自然式组景形式，无论在平面上还是空间上都应采用不等三角形构图。在植物的种植方面，如同假山一样，很大程度上取决于工人的个人技巧、感觉等因素。因此，挑选好的技术工人是很重要的。因为设计图对植物及假山等的表现上受到个体差异的制约，无法表现充分，为保证施工质量，设计人员应该到现场去指挥施工。

每种植物都有其一定的文化含义，比如银杏（历史悠久、健康长寿、子孙兴旺发达）、松柏（高洁常青）、栾树、元宝枫、榆树（招财进宝）、鹅掌楸（长命百岁）、国槐（吉祥如意）、榉树（福泽长寿）、柿树（红事当头、事事如意、时时如意）、核桃树（兴旺和美）、杨树（五谷丰登）、七叶树（生意发达、财源滚滚）、合欢（普天同乐、合家欢乐）、桃树（健康长寿、桃花源景）、李树（前程万里）、樱桃（喜报）、紫玉兰（紫气东来、富贵祥和、长寿延年）、白玉兰、海棠（玉堂富贵）、梅花（群芳领袖）、樱花（高洁壮丽）、石榴（多子多孙）、枣树（早获先机）、红枫（鸿运当头）、紫薇（好运）、丁香（好运、幸福）、黄栌（真心）、牡丹、长春花（富贵长春）、金银木（有金有银、吃喝不愁、富贵逼人）、月季（四季平安）、椿树（长寿）、萱草（忘忧）、菖蒲（吉祥）。

园林设计中的"求同存异"，从设计的起源到现在，其发展变化与整个社会及艺术领域的发展变化是同步的。从早期的古典主义到后期的现代主义庭园，从烦琐到简约，风格为之一变，而后现代主义又是对现代主义的一种逆动，是对现代主义纯理性的反叛，形式和风格又开始多样化，它表达了人们对于人性化、人情味需求的心声。其主要表现为以下几点。

一、从哲学上讲，现代主义是以理性主义、现实主义作为哲学基础，是对古典主义哲学的一种扬弃，是对皇权思想、贵族特权思想的革命；而后现代主义则是以浪漫主义、个人主义为哲学基础，强调设计不再掌握在设计师手中，而是每一个人都有设计的权利。从强调对技术的崇拜、功能的合理性与逻辑性，到当前推崇高技术、高情感，哲学基础为之一变，强调以人为本是当前设计的特点。

二、从早期的手工制作，到现代主义的标准化、一体化、产业化、高效率、高技术，再到当前遵循人性经验的主导作用，强调个性化、散漫化、自由化是当前设计的特点。

三、从早期的形式主义、古典造型的烦琐，到现代主义的遵循功能决定形式、"少即是多""无用的装饰就是犯罪"，到当前遵循形式的多元化、模糊化、不规则化，非此非彼、亦此亦彼的双重译码，强调历史文脉、意象及隐喻主义、"少令人生厌"是当前设计的特点。

社会发展的每一个阶段都有相应的文化艺术风格，也就有了相应的设计风格，社会变化决定了哲学思想的变化，哲学思想的变化决定了艺术风格的变化，而园林风格随其变化而变化，这就是园林设计的发展规律。

把各种因素输入计算机，运用计算机生成方案，可选择的各种元素，包括人流、竖向、动物迁徙路线等，有人为的选择就有不同因素被考虑进去，出的设计图成果就有所不同。这反映了人的需要和喜好。场地参考点在计算机设计中是重要的，而美学构图是靠计算机运算生成的，是随机的。这些设计者希望将来每一个人都有设计的权利和能力，只要把各种元素放入程序中，每个人都可以为自己设计，这里也就有一个哲学思想问题，他们希望设计越来越民主，越来越科学，将来设计掌握在每个人的手中。正如《俄勒冈实验》一书中所讲"使用者比其他任何人都更了解自身的需求"。古往今来，设计者都要站在同时代的前列，起到引导的作用，这就需要设计者在思想、美学、功能、技术运用上具有前瞻性，这样才能产生出时代的精品。

生态园林设计是这时期哲学思想和美学思想的反映。另一种思潮就是美国风行的波普艺术，其灵感来源于战后欧美经济恢复和发展，以及琳琅满目的物质世界。其专注于表现商业化社会中常见的东西，追求打破生活与艺术之间的隔阂，使艺术回归到生活中。波普艺术是艺术评论家罗伦斯·艾伟提出的。它是一种反权威、反传统、短暂、非永恒、平民化的思潮，它已经渗透到艺术的各个领域中，如广告中的拼贴、嘻哈音乐、现代街舞及行为艺术等，影响到现代年轻人的生活方式，反映在设计中，如玛莎·施瓦茨的设计作品，从设计平面上就可看出如同波普的拼贴艺术。到目前，基本上在欧洲风行简约主义、美国风行波普艺术。简约主义、波普艺术虽是现代艺术，但是发生、发展上已经经历了很长的时期，没有一个设计师会愿意被归纳为哪种主义，而且以上这些思潮都是相互借鉴、相互渗透的。随着经济全球化的影响，国际风格还有其市场，一些跨国设计公司运用"国际风格""新古典主义"及"新殖民主义"风格作为设计理念（如迪士尼乐园的洛克克艺术风格），把文化概念化、世俗化。现在很多进入中国的设计公司都运用这些手法进行设计，使中国到处都充满泛殖民化式的作品。而另一种设计是不再强调艺术、美学是其参考点，只以科技手段来解决场所问题，如运用计算机来进行设计。

丹尼尔·里伯斯金设计的柏林犹太人博物馆，不再强调肃穆、崇高，而是强调人的感受。丹尼尔·里伯斯金作为犹太人，其签名式的构图让人想起以色列的大卫之星。后现代设计大师安藤忠雄的构图更具有东方气质。这就是他们生活在不同环境对设计者设计风格的影响，说明同一思想也有不同的艺术表达。解构主义强调倒塌、崩裂、地震波等灾难式设计，实际是对后工业时代所带来问题的一种反思、一种看不见出路的表达。20世纪末及21世纪初，人们随着科技进步，对物质世界的认识越来越广泛，对世界本源的认识也形成了多方面的理论，如法国哲学、德国社会学、新左派主义、美国后现代、第三世界等理论的形成。同时认识到人类生存需要解决可持续发展问题，要善待大自然，关注生态和谐发展。所以又有了新的思想及美学形式，设计所需要的美学参考点也从单纯的现代设计的数学表层解构、机器美，发展到宇宙星云、微生物、大地肌理、骨膜结构、纳米结构、神经网络数学的深层结构等，从宏观到微观的以前没有触及的美学参考形式，如国家体育馆、国家游泳中心。

日本设计师如矶崎新、黑川纪章、安藤忠雄等把东方气质如佛学等引入现代设计中，强调设计的遗迹般、非永恒性，引出对解构主义的认识。安藤忠雄设计的六甲山庄就是中国古代因山构室的现代版，随后屈米设计的拉·维莱特公园把解构主义引入园林设计中。解构主义的学说是对以前结构主义的背叛、颠覆，无中心、非对称理论的提出直接对设计思想、美学思想产生影响，是对以前强调尊严、强调崇高的一种反思，其设计更平民化、民主化，是从古代的专制制度到后现代社会民主制度设计的一种进步。

绘画中的印象派、抽象派、野兽派后来发展到建筑领域。随着人们对景观生态的重视，人们发现解决人类问题应从大处

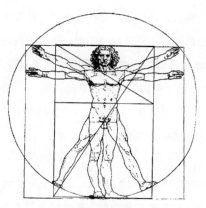

人体黄金分割图

着眼。首先是国土规划，再到城市规划，从街道规划再到单体规划设计，现在又要从景观设计带领艺术的发展了。这个过程是从平面设计（绘画），到立体三维设计（建筑），到四维空间设计（园林景观）的变化。近现代西方设计已经吸收了很多东方思想及艺术形式，而不再强调数学形式的运用。现代设计文化有一个特点，就是便于向全世界推广，用大多数人都能懂的设计语言来完成设计。这也存在一个不好的地方，即使设计被国际化的理念所充实而抹杀了地方特色。而中国传统设计，如园林设计，几千年讲究的是内涵丰富而形式相对固定，其内涵丰富往往使人流连忘返、如醉如痴。而现代设计则侧重于内容通俗、形式多样，更容易推广。在中国，抽象思维设计一直都没有很好地得到解决。由于历史悠久、体系完整，很多人错误地把意象设计理解为抽象设计，不从思想上加以概括和高度总结，而是从形象中加以浓缩，其作品往往不令人满意。同时中国作为文明古国，还面临着保护城市记忆及文化记忆的重担，任重而道远。现代设计的道路要相对艰难，好在中国有一批积极向上的设计队伍在不断进取和探索。历史上各种流派的产生都与当时的社会活动、思想意识分不开，如高技派就是 20 世纪 60 年代的产物。美国阿波罗计划的完成，激励着人们有了科学技术决定一切的认识。加上人们对航空航天技术及金属材料美的认知，使其在一定程度上风行一时。

到了近现代，随着社会进步、思想进步带动了艺术的发展，很快完成了从具象到抽象的飞跃。随着资本主义工业时代的来临及社会主义理论的普及，哲学思想带动了美学的进步。当时的第一代现代设计大师瓦尔特·格罗皮乌斯（理想主义者）、理查德·迈耶（共产主义者）、密斯·凡·德·罗（实用主义者）对包豪斯学校的影响，以及勒·柯布西耶机器论的产生，使得现代设计思想逐渐得到发展。在美学构图方面，从瓦西里·康定斯基的绘画作品中就能看到不加修饰的简约线条、简单色彩的运用，其影响一直延续到现在。

人们对人体的崇拜，以及对动物、植物的描绘也充实在欧洲古典美学中，而在伊斯兰风格的设计中，运用的多是几何装饰线和植物花纹。从意大利台地园对自然地形大刀阔斧的改造中，可以反映出欧洲早期人定胜天的思想，以及文艺复兴时期对科学、人的能力的认知。西方的两大哲学体系也开始逐渐形成，这也是西方近现代崛起的主要原因。

欧洲古典园林也可从上述所讲内容加以分析。一是哲学思

生态主义的设计没有垃圾

想，二是美学，如三维设计（建筑）和四维设计（园林）要想实现，就要有场所作为参考点。在古典设计中，都是把皇权、宗教放在第一位，而把功能放在第二位的。陈志华先生所讲的中国城市是轴线对称的，园林是自由的，而欧洲园林是轴线对称的，城市是多变的。这是当时人的思想及社会变化的反映。到了近代，影响深远的哲学思想是康德提出的人文关怀。从那时起西方开始注重以人为本的原则，注意到设计的亲人性问题。

毛泽东在《人的正确思想是从哪里来的？》一文中写道："人的正确思想是从哪里来的？是从天上掉下来的吗？不是。是自己头脑里固有的吗？不是。人的正确思想，只能从社会实践中来，只能从生产斗争、阶级斗争和科学实验这三项实践中来。"这也同样说明人的设计思想也是从社会实践中来的。设计师的设计思想是从其所处生活环境对其影响中得来的，设计师的设计思想离不开环境对他的影响。不管他产生了什么样的作品，我们都能够适当地加以分析，从而找出其设计作品的根源，这个根源就是其生活的外部世界对他的影响。外部物质世界，即设计师所处的环境，是决定设计师作品形成的关键。所谓一个作品的设计风格就是外部世界对其产生的影响，决定了设计师对某种思想的认知，而某种思想的认知决定了其对美学方向的取舍，从而形成其作品形象的风格，即设计师本人所处的政治、经济、社会等环境对设计师思想的影响使其有选择地认同或不认同某种思想，从而把认同的思想加以物化，而设计作品是思想物化的产物，要使其实现必须要经历从思想到物化的过程，这一过程的每一步都有其外部世界的参考点，这也是一个设计作品形成的大致过程。一个设计师设计作品的参考点大致可通过如下几个方面分析：一是设计师生活的外部世界对他所产生的影响，并经过大脑加以总结概括，形成自己对世界的认识，这个认识就是参考点之一，这里包括对人生意义的追求、对物质世界的看法等。二是对他所借鉴的外部世界的形象在其大脑中反映，并经过大脑加以提炼成为美学形象符号，再反馈到设计过程中使其实现，这里包括对外部世界形象地浓缩、美学构图的取舍。如果是二维设计，如广告、绘画，场所制约要相对较少。如果是三维、四维设计，如建筑、园林，使其实现还要考虑实地先天条件对设计的制约，要考虑场地、采暖、通风、日照、竖向、交通、人流、雨水汇集、土方平衡等问题。这里还有一个参考点就是技术的发展对设计产品的影响，人类技术的发展与人类思想的发展大体是一致的，都是从简单到复杂、从低级向高级的发展。随着科学与技术的发展，从前无法想象的工程都已变成现实。人的思想的发展是呈螺旋式上升的，每一次新思想的诞生都是前人所取得的成果的一次飞跃。

从不同维度、艺术中寻找不同的内涵、文化，以及设计的姊妹文化，并发掘文化的内涵，才能使园林设计拥有灵魂。这也是为什么很多园林虽有着明显的差异，却给人一种熟悉感、相似感，这就是内涵或理念的相似。设计还是要求同存异的，每个人都有不同的想法、理念，奔向同一个目标，在设计之中应让大家相互理解、相互之间可以产生沟通。

国誉府项目就是在这种环境下的一种尝试，我们力求把中国传统园林艺术加以发扬光大。国誉府项目位于北京市房山区良乡大学城北侧，项目东侧为房山新城滨水森林公园，环境优美。国誉府项目的设计灵感来源于扬州古典园林影园，我们用

由钢筋、水桶、水泥管、酒瓶组成的园林

现代主义的设计手法向经典致敬。令人欣慰的是这个项目获得了中国土木工程詹天佑奖，也是对设计的肯定。中国设计师做山水园林设计，是有基因遗传下来的文化因素的，从细小处着手，即一个玉石的摆放也讲究"天地道法"，而并不是说宏观地去看中国美学史、中国建筑史、中国哲学史，它们所记录的就那么多，所以设计内涵应更有趣一些，在日常生活中应切身体会每个细节。比如景观假山是从中国山水画中搬到现实中的，它的布局手法需要设计师去琢磨中国画，才能将假山做出意境感觉。中国人自古以来都是热爱生活的，生生不息是中国人的最大特点，无论好坏，均热爱生活、热爱自然，景观也是这样传递正能量的。而我们现在搞的这些艺术，大部分人是在做"术"，更多考虑的是如何将其做得好看，"艺"这一点很多人都没做，如何让景观托物言志是当前设计师要做的。

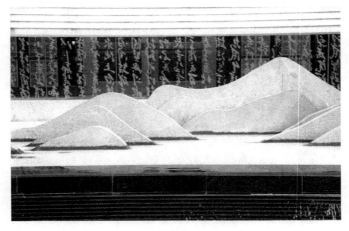

尺幅画

　　景观是一种表象，是不拘泥的自然状态，人们对生活的理解可以通过景观的方式表现出来，就像音乐、舞蹈、艺术、绘画一样，它所包含的是任何智能的东西不能取代的。

托物以言志，小中见大的壶中天地

5. 环境与设计的双向关系

人创造环境，同样环境也创造人。

——卡尔·马克思、弗里德里希·恩格斯

古今中外，任何地方、任何时代设计的建筑其本身和形式都是受环境所影响的。以当前现代主义建筑而论，一名对建筑稍有了解的人都可以区分眼前的建筑是哪个国家的建筑师所设计，因为它们都有着本身标志性的特色，如美国对金色在建筑上的运用、大面积整体玻璃的运用以及带有帝国主义风格的大厦；日本受地理区域限制造就的高楼层、受丹下健三影响的小窗户模式以及日本独特的风格和精致的工艺。

而中国建筑有趣的地方在于中国传统人文精神在历史上受中国皇权统治的影响严重。中国风格中的谦虚、委婉、含蓄体现在设计与建筑中，那是中国传承下来的民族美德。其中也包含了另一种思想就是中国无论建筑、园林还是各种诗词歌赋都擅长运用一种"暗喻"的手法，这种手法可以说就是在皇权统治下言论不自由的社会环境中的衍生产物。从建筑设计中可以看出，即便在这种皇权的压制下中国也是一个精神非常丰富、文化非常多元的国家，比如中国传统园林里面有很多体现"精、气、神"的设计，其中包括爱国、气节、对美好的追求等。

综合过去 20 年的考察，许多意义重大的景观设计都可被定义为场地生成式。简单地说，这些设计皆受场地自身特征的启发。设计形式与场地的地理结构特征、周边环境及生态、历史等不为人肉眼感知的要素息息相关。这些庭园景观与场地规整式设计截然相反，因为它们的创作来自现实的风景，不是强加给它们的。设计可以改造环境。技术是更新迭代的，声、光、电等材料的运用，更新都非常快。设计就是艺术加技术，二者高度统一才是好的设计。设计过程是把思想物化的过程，也是改造环境的过程。现在的设计师基本上分成了两种：偏向于艺术、偏向于技术（国际设计和地域设计）。比如国外的大牌设计公司，是国际性的设计公司，往往更强调技术的翻新和视觉效果等技术层面的应用。地域设计比较偏重于艺术层面。无论哪一种设计，都和环境是高度契合的。

在这一点上古人有很多好的案例是值得借鉴的。杭州的岳飞庙，是中国南宋抗金将领岳飞的墓地，又称岳坟或岳飞墓。位于杭州西湖西北角、栖霞岭南麓。1961 年，被国务院列为全国重点文物保护单位。当年，岳飞被害时，狱卒隗顺敬仰岳飞的为人和功绩，冒着生命危险将其遗体偷偷地背了出来，埋在钱塘江门外北山脚下的水塘边。为便于日后寻找，隗顺将岳飞身上佩戴的一只玉环放在其腰下，并在坟上种了两棵橘树，立了一块写有"贾宜人墓"的碑石。临终时他将这一秘密告诉了儿子。1162 年宋孝宗继位后，为了平息民怨，决定为岳飞昭雪，恢复岳飞官职，谥号"武穆"，并悬赏寻找岳飞的遗骸。隗顺儿子闻讯，遵照父亲遗嘱，将上述情况告诉了临安府，找到岳飞的遗骸，改葬到西子湖畔的栖霞岭下。这个坟墓就是后人见到的杭州岳飞庙。岳王庙建于南宋嘉定十四年（1221 年），后经历元、明、清各朝，时兴时废，代代相传至今。现存建筑于清康熙五十四年（1715 年）重建，1918 年大修，1979 年全面整修。岳王庙头门为二层重檐建筑，正中悬挂"岳王庙"三字牌匾，两侧有"三十功名尘与土，八千里路云和月"对联，为岳飞所作《满江红》中的名句。头门后为一四方园林庭园，正面便是正殿忠烈祠，中间高悬横匾"心昭天日"，为叶剑英手书，这四个字来自于岳飞生前所叹"天日昭昭"。大殿内塑有岳飞彩色坐像，高 4.5 米。殿中高悬"还我河山"匾额，为岳飞手迹，两侧有明代人所书"精忠报国"、中国佛教协会会长赵朴初所书"碧血丹心"以及西泠印社社长沙孟海所书"浩气长存"等匾额。大殿右侧为 1979 年按南宋建筑风格修建的岳飞墓，墓呈圆形，墓碑上写"宋岳鄂王墓"字样。旁有其子岳云墓。正对石墓有和岳飞被害有关的秦桧、王氏、万俟卨、张俊四人跪像，为白铁铸造。四人像均无上衣，袒胸露乳，低头面向石墓。跪像后有楹联，上书"青山有幸埋忠骨，白铁无辜铸佞臣"。墓园外有园林庭园，入口为城墙及水池，有"固若金汤"之意，内有精忠柏亭，放置雷劈过的枯桧柏一株，桧柏的"桧"字与秦桧的"桧"字相同，有"雷劈秦桧"之意。园内有碑廊，陈列着岳飞手迹及各代名人凭吊的作品。

传统的设计手法是意向性设计手法，运用托物言志、比兴的手段使人产生联想，而这种联想必须是有一定文化知识背景的。我在做北大医学部尸检楼项目的时候，基于这个项目的特

北大医学部尸检楼春景

殊性，生命的概念和生命的本质化思考成了当时的思考方向，
我们要做一个"有关生命"的景观，"消解"在某种意义上表
现出了弱化主体的特质，整个设计过程是一个均质的过程，希
望最后的设计能够给予空间精神力的平衡，由于场地相对平整
简单，我也自然要通过设计突出景观的暗喻性，这样的空间对
于该项目无疑是适合的。

用"消解"去创造一个具有无穷想象力和想象余地的空间。如何形成"消解"实际上就是室外庭园设计的过程，空间应是景观设计的主角，它并不只是视觉的形象化，其实就是空间均质化。空间的思维性决定了空间的片断性，片断性也是空间审美的一部分，它指主体在对客体的认识过程中，在任何一个时间片段上只能对主体的某一局部形成认识，而对主体的总体印象需要两次以上的认知合成才能得到。此特性表明均质空间是便于人们认识的，但这可能会给习惯普通空间的受众群体造成强烈的疑惑和心理暗示。人们会不自觉地思考每个片段的较小差异，进而产生自由联想，同时这些空间也会由于人们所联想内容的巨大差异而形成对空间理解的巨大差异。可以说这样的空间在此刻被私有化了，既成为人们精神的容器，又表达了这块区域的性格特点，尊重了精神多样性。象征有机体的一个个正方体倒在平面上就变成了十字形，如果从医学角度来说红色的十字代表了挽救生命的勇气，那么白色的十字就代表了对逝去生命的尊重。

在这个方案中，纯白的十字排列满除中心道路以外的整个区域，空间自然均质化具有强烈的生命暗示。阵列式的十字排列仿佛一个合唱团手拉手在一起进行生命礼赞，宏大的主题被一种最含蓄的方式表达。纵横的线条引导着人的思维向水平空间开放，无限延展，在形式上将思想无限化。在这里没有任何装饰来破坏景观的纯粹性，树木像往常一样生长在那里，好像从没有发生过什么一样。一株株生命的实体自由地生长于原有的土地上，最大限度地尊重了场地原貌，也恰好表达了对生命

北大医学部尸检楼秋景

庭园中的白色十字

的敬意。

　　这个项目告诉我们消解并不等于消亡，而是宇宙中的另一种存在形式，从无到有，再从有到无，无止境地往复、涅槃。也许我们终将在另一种形式中重逢，也就是说，十字形有一天会变成正方体的有机体。十字形的交点在这样的环境下成为空间的最佳体验点，伸展的四臂在某种程度上扮演着围合的角色，也是这种空间模式的功能所在，完整地体现了有机空间的性格，即事物的各部分互相关联、协调而不可分，就像一个

谁言寸草心

生物体那样有机联系。既围合又延伸，看似矛盾，但其实就是
空间的生命特征，也是"消解"的本意，在表达的同时进行消
解，在消解后又可重组，如同生命的有机体，空间环境也因此
发生着变化，即不同环境下产生的不同设计风格。

设计师的生活经历决定了自身的世界观、人生观和价值
观，而三观又决定了其设计的好恶。所以说人是环境的产物，
不同的环境又会造就不同的人。虽然说环境作为一种客观存在
是不以人的意志为转移的，但并不代表人在面对环境的时候就
无能为力，只能被动适应，要知道，人是具有主观能动性的，

场所精神决定着人的精神

在不违背环境客观规律的前提下，人可以主动地改变条件甚至是创造条件，营造更加适合人生存发展的外部环境。

改变和创造其实就是设计本身，不同环境会形成不同的设计风格。所有的设计风格与设计师所处的环境都是息息相关的，可以说设计是环境的产物。

要清楚这个时代是怎样的状态，和过去有什么不同，未来又该如何发展，这是每一个建筑设计师和城市规划者都应该思考的。空间环境对人的影响是不能脱离时代来分析的，无论是城市建设还是景观设计，其实都是从人的根本性思维出发，投射出空间环境和所处时代对我们的影响。一个时代有一个时代的设计思路，比如 20 世纪 80 年代的居民楼都设计了垃圾道，随着时间的推移发现了它的问题，之后就取消了。

不同的国家有不同的思考，同一国家的不同地域也有不同的思考，表达出来就形成了不同的派别。中国文化在长期的历史积淀中海纳百川，在不同的民俗风俗、地域性审美等方面，由于南北方地理环境和气候差异较大，南方通常使用中性色彩或冷色调，彰显一种淡雅、大方的美感，北方则偏向使用暖色调。

为了纪念死去的犹太人、反省历史而建成的柏林犹太人博物馆，与大多数建筑不同，它并没有很强的使用功能，它的形状如同闪电，象征了犹太民族曲折而破碎的历史、断裂而无法

山不在高有花则灵，水不在深有蛙则鸣

填补的文化。直线代表德意志民族的道路，一直走顺路；折线代表犹太民族的道路，从来没走过直路。所有的空间都有不知道往哪边看的十字路口，意味着犹太人在那个时候走到了十字路口，失去了方向感。

　　在一个陈列装置名为"落叶"的空间，地上厚厚堆积着人面铁盘，那些铁盘上的眼睛是惊恐的，嘴巴也张着，有大人的，也有孩子的，给人一种身处奥斯维辛集中营的感觉。整个空间都没有灯，自然光照射进来。远远看去，让人想起逝去的生命就如秋日飘落的黄叶，人走在上面的时候会发出"哗楞哗楞"的响声，就像被囚困在铁牢里一样。

　　丹尼尔·里伯斯金做的设计就是把精神内化到细节里，但又不是很直白的表达。他本身是一个犹太人。犹太人使用的是楔形文字，那时候用棍子在泥板上写，犹太国王大卫，大卫首字母是 D，以色列国旗有大卫星，六角形，实际上是两个 D 的

柏林犹太人博物馆"毒气室"里的人

框景的作用

组合。窗户和外墙都有那样的图案，在室内会觉得很黑，没有光线，觉得社会很黑暗，在外面我突然感觉像鞭痕。这里，第一有以色列大卫的意思，第二就是犹太民族是不容易的民族。

认知外部环境和内部精神

这是一种反讽，一种纪念，几千年走过来背负着太多东西。

　　应该说柏林犹太人博物馆的象征意味远远超出它作为一个博物馆应有的功能性，曲折的线条、狭窄的空间、幽暗的光线，这些博物馆大忌——全中，又或者，这才是犹太人博物馆的意义所在，这才是建筑师想要呈现的精华所在。一切富于隐喻的细节对于每个观者来说都是不言自明的，这种饱含历史和沧桑的压迫感又远远超出展品所具有的力量。

　　基于对外部环境的清晰认知和内部精神的透彻探讨，做出的建筑就可以实现设计师内在追求的物体化和空间化，就会形成一种场所精神，让人们对这个场所形成一种认同感和归属感。在这样的场所里会限制人们的不文明举动，会让人觉得不好意思。

人们对设计的理解，不仅需要基于环境的科学立足点，更需要象征性的东西，也就是对承载记忆的生活情境的表达。人是需要体验到其存在意义的，设计的目的则在于保存并传达这种意义。设计师存在的价值在于有爱、情感，并且把这种情感反馈到设计之中，这就是设计师的价值。社会的发展和进步为设计提供了一个更好、更便捷的辅助道路，这也是环境对现代设计的影响所在。

阿那亚的集市

6. 从情感走进空间

爱如温泉，常新不止。

——威廉·莎士比亚

人们无意识地生活在设计的海洋里而不自知，往往视而不见、习焉不察，其实只要人们稍微留意，仔细地审视一下就会发现，设计无处不在。人们的生活，其实就是别人设计的结果。人们的日常生活是具体化的生活方式，既是社会的，也是个人的。小到一个人的衣食住行，大到社会的公共空间，都是经过设计艺术化处理的产物。设计所产生的产品提供了人们日常生活所需的物质基础和客观条件，无论是以沟通交流为主要内容的社交生活领域，还是以建筑空间为主要内容的环境生活领域，设计都赋予了一种美学意义，经过艺术化的处理，使生活具备了深刻的设计美感，可惜这常常被人忽视。

与设计相关的人可以分为两种：一种是设计师，在某一个领域从事设计行业，为人们的生活提供便利，制造美感；另一种是使用者，享受设计出来的一切产品，包括经过设计的生活方式。

景观设计的主要职责就是具体环境具体分析，创造新的空间体验，设计师在设身处地地考虑多种需求的情况下，为使用者营造良好的空间感受。好的景观设计作品首先要解决的就是功能问题，满足使用者对空间环境的生理需求，这是前提，也是基础。在此之上才能涉及心理需求，这就是景观设计的另一面——情感设计。

　　我曾经参与过马来西亚当嘉河的一个景观规划项目，以马来西亚国花扶桑花为主题元素，将五大分区串联成一个五彩花环，不同区域的标志性建筑也蕴含着不同的风格。毕竟好的景观设计不能局限在平面功能上，这只是基本要求，有机的三维立体思考才能创造出灵活有趣的空间环境。所以功能设计和情感设计并不是先后关系，最好是同步进行，设计之初就要想好两者的相互关系，如何让情感设计更好地服务于功能，怎样让功能设计更好地体现出情感，这都是设计师要考虑的。功能设计是理性的，情感设计是感性的，它们反映的恰好是人的两面性。功能设计里也有感性的成分，情感设计里也有理性的成分，这里的理性成分是对感性的发展和延伸。面对一张空白的设计图，要把情感画上去，只有把情感注入空间，做出来的建

植物园的水隧道

筑才是活的。

如何解决复杂的生活空间及人对景观的情感需求是该项目的重点。生存环境作为事件的中心，承担着巨大压力，惯性设计思维和思维假象导致它避之不及。对于景观的人文主义，设计界倡导近百年，但收效甚微。究其原因不难发现，一直以来景观在人文主义的表达上与时代发展联系过密，但人们对生活空间的期盼却往往背离发展，回归自然。

在这种发展模式下只追求了片面的人文，而没有真正触及使用者的情感，于是我们的生活空间和城市公共空间除了尺度几乎毫无差别。生活空间作为半私密空间，在人们精神释放活动中起着最关键的作用，所以这种空间不应束缚使用者或告诉

会心处并不在远

庭园中的小溪   庭园中的水生植物

使用者该做什么、不该做什么，它只需要以一种最质朴的方式倾听使用者的生活，这种方式的表现手段无疑首推大自然。

自然环境是最利于人们消解社会矛盾、放松身心的环境模式，表现了对人性最大、最彻底的尊重，也是一条通往情感设计的捷径。回归自然作为生活景观的发展方向，从根本上说就是尊重人的感知，将感知真实地自然化，以真实的人性为出发点去思考生活景观，可以说这也是生活景观的复兴。

融科橄榄城的项目质朴地表达了设计者的自然情愫，从景

下沉庭园中的景桥

观自身角度看就是实现了自然的可操作性，将自然与景观的使
用性结合起来。去除了自然的神秘，强调了它的包容与豁然。
利用实土及地库之间的关系制造高差，使地库可以自然采光，
并使功能与景观相得益彰。房地产是消费者进行消费的，但景
观是用来享受的。美国印第安人用"shenandoah"这个词，表

留白是道，因借是器

现了阳光下湖水中反射的点点白光，印第安人浪漫地将其喻为星星的女儿们，诗人余光中将其翻译成"仙能渡"也极具诗意，这种带有强烈情感的表达，运用到实际设计中就变成了庭园中的仙能渡桥，通过设计让星星的女儿们在庭园中折射出人性的光辉。余光中是中国新诗发展史上一位重要而特殊的台湾诗人。香港学者黄维樑在他的论文中盛赞余光中用毕生生命和精力在诗、散文、评论和翻译诸多方面的成就，尤其对余光中的诗更是竭尽赞美褒扬之辞。他这样写道："余光中的散文不

庭园中的亲水活动场地

同于鲁迅、周作人、朱自清、徐志摩等五四以来的散文，他的诗也不同于闻一多、何其芳、卞之琳等的新诗。"

余光中的诗歌世界呈现一个多元化的空间。余光中能进入多种诗境，因为他有多种生命境界，诗歌主题的变化反映出诗人创作主题的丰富性和深刻性。诚如黄维操所说，余光中写自己，也写亲人朋友，写艺术家、学者、名流、哲人，也写政客一类的人物。"生老病死、战争爱情、春夏秋冬、风花雪月，从盘古到自由神像，从长安到纽约，从长江黄河到仙能渡山，从台北到沙田，从奥林匹斯山的诸神到超级公路的现实"。

设计的初衷就是希望在某一个慵懒的午后，使用者们可以躺在这个庭园山谷的草坪上，看着水面上的点点阳光，陷入一场充满情感色彩的生命沉思。

自由空间

美，即足下之草

　　所有的设计都是如此，缺乏情感设计的产品，是没有生命力的。只有设计师热爱自己的行业，才能在设计的时候投入这些爱，爱之愈深，设计愈好，最后设计出来的产品必然也能投

软景的重要性

射出这份爱。说到底,设计是为人服务的,要满足大部分人的需求。比如在河边的景观规划,我们会进行问卷调查,收集各个年龄段的人们想要公园里面呈现什么内容,需要什么设施,我们会在这个基础上做景观设计,满足大部分人对生活方式的需求。从时间上看,是远古、古代迈向现代、后现代与未来;从空间上看,是自然、农田、郊外、城里、CBD,越往里,人工设计和高科技的成分越多。

人们在经过设计的空间环境里长期生活,使用着经过设计的产品,所有设计的优缺点又会在生理、心理以及文化习惯上反过来影响人们的生活方式。人们的生活毕竟离不开物质基础,受各种物质条件的限制,一定的生活方式会产生一定的设计。因此,设计又是适应生活方式的产物。

　　设计存在的意义其实就是为了创造更高质量的生活方式，同时让人们在生活的日常中予情感以寄托，而不仅仅局限于对物体或环境的设计。深究下去便会发现，情感是设计的动力，间接地影响到人的生活方式。随着现代社会的发展，对服务、程序和关系等一系列非物质的设计方式的扩展，设计在生活方式的塑造上必然影响日甚。

气氛决定场所

7. 政策与设计相辅相成

艺术和科学的价值在于没有私欲的服务，在于为万人的利益服务。

——约翰·罗斯金

在法制化的现代社会，制定完善的园林法规和法令成为城市建设与管理法制化的重要组成部分。许多发达国家在经过多年的实践之后，逐步建立起成熟、完善的园林法规、法令。在我国，随着生活水平的提高和经济的快速发展，景观规划的地位日益重要，同时也促进了景观规划方面法律、法规的建立与完善。

景观规划设计与管理的政策属于城市公共政策的一部分，它具有广泛的覆盖面，包括一个城市对于城市景观所采取的法令、法则、计划、规划、方针及行动措施等。与其他城市公共政策一样，它是动态的、相互关联的政策，包括政策的制定、实施、监督、反馈等环节，其作为一个规划设计与管理的法律依据，对于景观规划设计而言，具有一定的影响力。

景观对于一个城市来说非常重要，不仅可以为人们提供可以休息、娱乐的公共空间，也有利于城市风貌的形成，关系到整个城市风貌的走向；而为了促进一个城市景观规划的发展，不仅需要政府建立更加完善的法律、法规，还需要我们每一个人遵守法律、法规，尤其对于景观设计师的要求更加严格，要在政策之内做设计。

随着我国法律制度的完善，在景观规划方面，我国更强调建造景观的同时要注重对生态环境的保护。现阶段，城镇规模的扩大、城市经济的发展导致城市职能和水源涵养产生了一系列矛盾。在京密引水渠景观规划中，通过剖析涵养水源和城市职能的关系，探索水环境污染的根源所在，通过实施规划策略、采取生态措施，经由政府引导和公众参与，深层次地解决两者之间的矛盾，达到和谐共生的状态。京密引水渠作为水源保护地，最突出的矛盾是人的活动参与和水源保护的矛盾，而解决矛盾的关键点就是如何有效防止人群进入水源保护的重点区域。在这里，栏杆这个景观要素被扩大化、特殊化了。在这条警戒线上我们重点进行生活界面规划，通过分析人的行为心理学，选择了复合式种植、多功能栏杆、透明防护罩、高差变化等几种方式。在人群稠密处多采用栏杆和防护罩的防护方式，人烟稀少之地则采用复合式种植防护的方式，现状如有高差变化即可利用高差关系加以防护。

其实，无论是违反景观规划的法律、法规所建造的景观，还是遵从法律、法规所建造的景观，对于景观设计师来说都是值得总结的经验和教训。模仿技术易，模仿制度难，短期的快速发展，带来长期发展的失败，从而跌入"后发劣势"的坑。

从事景观设计多年，我发现我们最缺失的是公共空间和公共意识所做的项目设计，并不是为了迎合国家的方针政策，而是所做的设计恰好符合国家的方针政策。我国方针政策的制定一定是以人为本，因此景观设计也一定要以"人本精神"为指引。

景观中的隔与不隔

8. "1＋1＞2" 的环形同构

整体大于部分之和。

——亚里士多德

从欧洲文艺复兴倡导人文关怀到我国始终坚持以人为本，肯定人性和人的价值，达到尊重人、理解人，是我们一直在追求的目标。

人文关怀已经不仅仅停留在观念层面，它渗透在我们生活中。我们曾到莲花河的一个公园里评奖，一群老人过来指责我们，理由是公园里没有厕所，非常不方便。施工队的领导和老人们解释说以前公园里有厕所，但是公园里有些老人不愿意让我们做，躺在地上阻止。这并不是一件很严重的事，但是值得我们重视，这其实反映了不同的人有不同的需求，因此景观设计想要满足大部分人的需求也成了一件既简单又为难的事情。

其实国外一些国家有很多值得我们学习的地方。国外所有的如麦当劳、肯德基等简单的服务型行业的从业人员大多是残疾人，而且国外的出租车司机、餐厅服务员大多是中老年男性，即已经丧失部分劳动能力或知识水平较低的人群。而在我们国家，很多服务行业的从业人员都是年轻人，这样很不合理，从深层次意义上来说是社会的人性关怀不够所导致的。我之所以总是会想到并分析这些事，是因为设计是一种表象的东

枯山水庭园

西但实际上反映的是设计师的人生观，站得不高就无法把好的东西传递给别人，站得高才能看得远，想得多才能将人文关怀应用到景观设计当中。

中国景观设计的路该怎么走？我认为应该走以情带景，即情景交融的设计路线。曾经看到过一个设计，完全依靠逻辑和科学分析人流量，运用了一个软件，把水流进去，宽的地方水多，窄的地方水少，马上能分析出来人的流量。从功能上出发，堵了就把道路打宽，完全是从功能主义出发，非常科学。但是，最简单的设计是要用真性情来做，把感情放进去就会觉得设计是活的，不倾注感情做出来的设计就会给人一种死气沉沉的感觉。

我做公共景观设计时，首先会对不同的人群进行调查：你喜欢什么样式的公共景观设计？你希望在公园里添加些什么设施？不管是老人、年轻人，还是儿童，我们都会征求他们的意见，之后在这些数据分析的基础上开始着手做设计。通过装饰主义风格与自然风格相结合的方式，充分体现参与性、交互性功能。这便是做公共景观设计时，最大程度地满足人群需求，将人文关怀放到最优先的位置。

每个人对空间的塑造都有自己的答案，空间中的人也分为两种群体，一种是使用者，另一种是观赏者。使用者是匆匆的过客，观赏者却试图读懂设计者的语言。一些设计者试图找到与喧嚣的中国大地相适应的文脉，又要追上社会的发展与建设，迎合中产阶级的情调和观赏者的诠释，于是景观生态设计中的折中主义就这样产生了。因为以完成一个好的作品为目的来看，景观设计、建筑设计、开发商及客户的目标是一致的，一个好的作品应该是社会效益、经济效益相一致，设计者、开发者、使用者的目的相一致。

沈阳新世界花园下沉庭园及水体

公园中的复式空间

下沉庭园中的走廊及景观桥光道

　　我经常在国外看到一些感人的设计，同时也被这些设计所
感染着。我曾经在日本的六本木看到非常感人的建筑设计，就
是一个小细节。在六本木的斜坡上，只要有平台的地方，那里
的角便嵌了一块石头，我看到这个很费解，因为从专业的角度
讲我清楚那并不是为了美观。后来经过询问，才知道这是专门
为坐轮椅的人设计的，石头可以卡住轮子，防止滑下去。这就
是人人心中有，但人人笔下无的东西，而公共空间设计就是要

将爱和关心传递给人们，为大部分人考虑，我为什么要把公共景观设计称为"景观的环形同构理论"，就是要体现人文关怀，做出"1＋1＞2"的设计效果，满足大部分人的需求。

庭园中的景观桥

9. 中国制造与中国创造

距离已经消失，要么创新，要么死亡。

——托马斯·彼得斯

母体的重复和排列是我认为的中式特色

把不同风格放在一起是一种有趣的尝试

西方文明起源于尼罗河沿岸，古埃及人凭借对自然山脉的原始崇拜而造出了金字塔。到了希腊文明时期，毕达哥拉斯学派力图用数学的方法来解释自然，这一时期的艺术作品通常运用数学因素如"黄金分割"来完成美学构图。到了文艺复兴时期，人们从黑暗的中世纪中解放出来，强调人的作用，从这一时期的意大利台地园中便可以看出当时欧洲朴素的人定胜天思想。

到了近现代，随着科技进步以及社会发展，艺术完成了从具象到抽象的飞跃，现代设计思想开始流行。它的优势是便于向全世界推广，而缺点就是抹杀了地方特色。随着社会制度从专制向现代社会过渡，设计也随之变得更加平民化、民主化。

设计也是国家综合国力的象征。它带动了人们思维的进步、生活方式的进步、科学技术的进步。西方现代设计理论和方法有我们可以借鉴的地方，但也有我们不能学习的地方。中国必须走一条不同于西方的现代化的文明之路。

有好的美学思维是非常必要的，很多的设计师不断努力才能成熟。正如玛莎·施瓦茨对年轻的中国设计师讲的一样："什么时候设计师把群体思维变成个体思维，中国的设计就进步了。"我们的现代设计应分成三步走，首先了解现代设计，其次赶上现代设计，最后领导现代设计的方向。我们要有自己的哲学思想才能领导设计的方向，无论思想与美学都应进一步完善，进一步解放思想并自成体系。

自然与文明相映成趣

地中海风格的市场

不要忘记正如法国"建筑工作室六人组"所讲的"现代的设计是社会现象的反映，是人类冲突的结果，是社会舆论的表达"。经济基础决定上层建筑。只有综合国力的提高才有文化领域的发言权，才能在世界舞台上宣扬文化。19 世纪以来，随着世界经济中心从欧洲转移到美洲，美国的电影文化、饮食文化充盈着全世界。历史上艺术的中心都是随着经济的中心转移而转移。这反映了人们思想及美学上的趋众性。

另外，人们总是谈论全球一体化和反对全球一体化之间的

景观桥夜景　　　　　　　　　　　　沈阳新世界花园景观桥

矛盾，其反映在设计中就是"国际派"与"地方主义"的矛盾。有些人片面强调一体化，有些人片面强调地方保护。实际上这都是设计师所生活的外部环境对其思想和美学上所受影响的反馈。这样的争论还会持续很久，因为它们都有各自的土壤，一个"地方主义"式的设计如"故乡水"能够引起多少海外华人的情思，而一个好的后现代主义设计又能带动生活方式及科学进步。所以一方面要提高传统设计的水平，另一方面又要赶上现代设计的进程。现在的生态高技派与生态低技派也在探索这方面的道路。

设计对于人们的精神生活起着巨大作用，而设计背后总是隐藏着一种社会思想或美学思想。中国的设计界要想领导设计方向，还是需要有一套自己的哲学思想。好的设计师必定是一个好的思想家，只有进一步解放思想并自成体系，才能真正做到中国创造，而不是中国制造。

第三章

蓦然回首

1. 哲学是一座桥梁

哲学家们只是用不同的方式解释世界，而问题在于改变世界。

——卡尔·马克思

哲学思想带动了各种风格主义，古代的建筑规划是和哲学思想、宗教一致的。以中国传统文化儒、释、道来说，它们既代表了中国哲学的天地道法，也在人们的意识形态中起了主导作用，所以在建筑设计思想上都是围绕这些展开的。

在中国传统园林里，颐和园主要是道家的景观表现形式，园里的昆明湖代表银河，昆明湖一边有一只铜牛，另一边是耕织图，分别代表牛郎和织女。昆明湖中有三个岛，即"一池三山"，表现的是蓬莱、方丈和瀛洲。释即佛教，圆明园是其景观表现形式。

颐和园的四大部洲分别是东胜神洲、西牛贺洲、南赡部洲、北俱卢洲，是根据古印度哲学观念进行建造的。它是颐和园万寿山后山中部的一组汉藏建筑群，占地面积2万平方米。四大部洲和八小部洲排列在象征世界中心须弥山的香岩宗印之阁周围。在阁的东南、西南、东北、西北建有代表佛经"四智"的红、白、黑、绿四座覆钵式塔。

　　承德避暑山庄主要是儒家传统文化的景观表现形式。承德避暑山庄地势呈西北高、东南低，和中国版图一样。乾隆喜欢下江南，所以他喜欢在湖区理政。承德避暑山庄东南角是水系，西北是城墙和山，山庄外面是外八庙。

　　古语有"画水不画水"之说，意思是画中的水应靠周围景物的倒影来烘托水的质感，为画中的水点睛。同样，古代造园的匠师们也擅长运用水倒影的效果，以借景手法引入各种美丽的景物于水之中，使其要表现的领域更为广阔、深远。承德避暑山庄文津阁中的"日月同辉"就是这方面典型的代表。承德避暑山庄有一亭命名曰"濠濮间想"，《庄子》中记有庄子与惠子同游濠梁之上和庄子垂钓濮水的事，后以"濠濮间想"谓逍遥闲居、清淡无为的思绪，再配以实景的水景与建筑相融合，

不同宗教，不同信仰，古代与现代完全可以融合，这就是同构

表达了深刻的中国哲学思想。

寻杖上的莲花灯

　　数千年来哲学论证有关自然、神学、宗教的思想，哲学又规划、引导思想；宗教给予思想慰藉，同时又依存于哲学。哲学可以和宗教处于一种共生的状态。可以说思想、哲学、宗教是密不可分的，而建筑是依托这些思想而诞生的。

　　相比中国传统文化传承的中国哲学，外国建筑同样以哲学、宗教和自然为中心。古代人生产力低下，对很多东西不了解。当人们对打雷、下雨、闪电都比较恐惧的时候，便希望有一些东西来慰藉自己。后来人们想到了"山"，所以埃及人建造了金字塔，因为他们觉得山比较稳定，对自己的心灵是一个慰藉，便做出了山的形状。

中国人很早就把自然当作建筑的元素，所谓"天人合一"。人类虽然渺小，却是自然中的一部分。去过西方旅游的人一定会深有感触，就是西方的宗教建筑是无处不在的，其在西方的建筑史上占有不可撼动的地位。

西方的宗教建筑是西方人宗教信仰的有力呈现。已建造100多年的圣家族大教堂至今还在建设之中，是什么在一直支持和提供这些人力、物力，是宗教信仰。他们对上帝的无比崇拜和对天国的向往，体现在建筑的内外。教堂内外的布局、材料，以及对自然光的运用无不体现了西方的宗教建筑哲学思想。当然它也有不可避免的弊端，就是对人们思想的束缚，我们今天看到的只是那光鲜亮丽的部分。如果深究，我们还会看到宗教建筑思想对人们的摧残和禁锢。

西方自由的建筑哲学区别于中国自由生长的建筑哲学，这里更多地体现在形式上的多变和表现方式的灵活。这里以生活相当悠闲的希腊人的建筑为例，来到希腊我们会看到建筑规则对他们的束缚是很小的，只要有实力建造，就可以实现。他们建造适合他们生活节奏和韵律的建筑，从他们的建筑中我们更多地体会到的是对生活的享受和对自我价值的实现。他们的建筑是那么的美丽动人。

美国的很多建筑当然也不甘落后，他们把自由当成自己的一部分，不可或缺，是思想造就了他们现在的建筑状况。当然我们所谓的自由建筑不是不受任何条件限制的，它也要受很多

奔驰的思想

现有条件的制约。

　　西方建筑在很早就实现了建筑的程式化。在包豪斯时期和勒·柯布西耶时期，就已经提出和应用了模数化的概念。我们现在见到的很多摩天大楼或普通的楼房，都是在程式化哲学思想的统领下建造的。纽约的世贸中心就是这样一个典型的建筑代表。这一思想指导下的建筑在为人们带来便利的同时，也造成了视觉疲劳，我们如果长时间生活在这样的环境中，就会体会到对我们身体是没有什么益处的。任何思想在接受上都要适可而止，而不是把它们奉为圣旨。

西方和中国的建筑思想不同，西方的建筑有轴线，有秩序，空间可以进行填充，用数学来构图。毕达哥拉斯的"万物皆数"，就是说任何东西都可以是数学，都有顺序和理性，这样才会稳定，做出来的东西才会在心灵上得到慰藉。

中国人和西方人不同，中国人讲究布局，中国人的聪明就是会利用自然来做自己的东西，满足自己的需要。在中国，不管生产力高低，人们一直追求的是与自然和谐相处。中国古代，在文化艺术方面有一定的可取之处，它们是非常独立的系统，但是技术方面是比较落后的。如今中国建筑还是需要跟上时代的发展，同时对中国的传统文化进行合理的扬弃。

设计是艺术和技术的叠加。技术是更新迭代的，毕竟声、光、电等材料的运用，更新都非常快，所以设计也是需要不断进步的。在当今社会，各种设计元素随处可见，在最常见的社交网络上，人们如何拍一张能被大众认可的图片，发一段能够被大家接受的文字，都少不了设计的元素。当然最重要的是被大众和社会认可，这同样也包含着一种思想共识。

所以说设计过程就是把思想物化的过程，同样也是改造世界的过程。设计和电影中的蒙太奇很像，蒙太奇原是建筑学术语，意为构成、装配，后被运用到电影学中，意为电影镜头的

人为的高差是设计者有趣的尝试

剪切、组接。设计就是一个由繁入简或由简到繁的过程，在这个过程中，通过剪切或者组接完成作品。

优秀的设计一定有设计者本身的思考和他在社会环境下对作品的定位。一个时代有一个时代的思想，一个环境有一个环境的模式。在时代和环境的双重浸染下，人们的思想在大方向上有很强的相似性。这种思想的相似性体现在设计中就是一种共识，这种共识是对作品表达情感上的共鸣，而不应该是设计外形上的简单相似。

我们一直在找答案，却往往忽略了答案的理论基础是什么。现在的理论有很多，比如解构主义理论、现代主义理论等，做设计就应该把宗教、历史方面的内容浓缩起来，融进艺术里。这些对国家有很大影响，比如创新思维，就需要打开门去接纳新的东西，建立新的思维模式。如何同构一切，根本上还是源于认知，包括认知到如何实现认知的过程。

设计本身是一种思想，哲学则是社会所有思想的一个连接点。设计要做的就是把这个连接点与哲学性的思考一同融入自己的设计思想中，成为连接设计和社会的一个桥梁，让人们更好地认识景观设计。景观设计中的人文关怀是一个永恒的主题，正如《俄勒冈实验》一书中所讲"使用者比其他任何人都更了解自身的需求"。一个景观作品的好坏，使用者是最有权发言的。从设计的细微处着想，如果一把座椅正好放置在庭荫树下，那么设计者确实在为使用者考虑。

景观是为人使用的，而设计者在综合考虑设计元素时，亲人性是最应该首先考虑的。一个好的景观设计作品应该是艺术与功能的完美结合。而人文关怀是艺术与功能相互渗透的纽带，是评价一个作品好坏的标准。人文关怀的设计就在于设计者是否为使用者着想、是否下了功夫。"以人为本"不是一句口号，而是要渗透到作品的每个角落。景观设计直接反映了一个社会的文明程度。为每个人设计和使用是作品的最高理想。贴心的个性化服务、亲人的个性化设计，直接关系到和谐社会的构建。当一个设计者变成使用者时才能感悟到设计中人文关怀的重要性。人文关怀的设计理念也是未来景观设计的发展方向。2019 年北京世园会通过活动的组织及景观服务设施的全面建立，提供了周到的个性化服务，不仅仅停留在满足设计规范，而是提升到传递爱与温暖的高度。2019 年北京世园会把景观环境整体水平提升了一大步，在人文关怀的设计服务理念上有了新的尝试和突破。

"送人鲜花，手有余香"，我们在设计美好环境的同时，美好的环境也在改变着我们。我们应该时刻记住，设计者手中的笔是用来传递关怀与爱的，是为了构建和谐社会的，一个好的设计师必然有一颗悲天悯人的心。所谓景观设计一定是包括室内与室外设计。当前的设计趋势是室内、室外相互渗透，室外作品宜人化、精致化，而室内作品自然化、生态化。所以人文与生态是室内与室外的共同主题。让生活走进自然、把自然引入生活是设计师的共识。而科技作为人类本身创造出来的特有成果，是人类改善生活与再造自然的依托。2019 年北京世园会主题馆内设计了巨型碗幕影院，放映唯美的自然风光片是一种全新的尝试，是对园林中"咫尺之间，包罗万象"的一种新的诠释。通过画面及声、光、电技术的渲染，人们如临其境。"画中游"让人们充分领略了现代景观理念与现代科技的完美结合。所谓"科技创新"也是在人类思想指导下的创新，目的就是让人们的生活更美好，让人们在有限的时间和空间中领略人与自然的和谐相处。

中国传统园林讲究"移天缩地在君怀"，这里的"君"是"君主""皇帝"，当时的景观是为少数人服务的。只有在人类发展到了新的时代，依靠科技手段的更新及人类思想的进步，才能实现新的"移天缩地在君怀"，这里的"君"是我们每一个人，随着科技和思想的进步，景观变成了为每一个人服务、为大多数人服务的新的载体，所以巨型碗幕影院的展现形式必定是未来景观发展的方向。

　　眼界有多宽，设计水平就有多高。一个好的设计师必定是一个好的思想家，他可以借助人类科技的发展满足时代的要求，站在时代的前沿，把设计带到一个更高的水平。

2. 为中国建筑添砖加瓦

建筑学是一门设计空间结构的杰出艺术，即有效地发挥空间作用的艺术。

——克·布雷格登

建筑艺术是指按照美的规律，运用建筑独特的艺术语言，使建筑形象具有文化价值和审美价值，具有象征性和形式美，体现民族性和时代感。以其功能性为标准，建筑可分为纪念性建筑、宫殿、陵墓建筑、宗教建筑、住宅建筑、园林建筑、生产建筑等类型。从总体来看，建筑艺术与工艺美术一样，都是一种实用性与审美性相结合的艺术。建筑的本质是人类建造以供居住和活动的场所，因此，实用性是建筑的首要功能，只是随着人类实践的发展和物质技术的进步，建筑越来越具有审美价值。

建筑是人类创造的最伟大的奇迹和最古老的艺术之一。从埃及的金字塔、意大利的斗兽场到中国的长城，从宏阔显赫的北京故宫、圣洁高敞的天坛、诗情画意的苏州园林到端庄高雅的古希腊神庙、威慑压抑的哥特式教堂、豪华炫目的凡尔赛宫、冷峻刻板的摩天大楼，无一不闪耀着人类智慧的光芒。

以北京故宫为例分析中国的建筑艺术。北京故宫根据帝王"身居九重"的体制所建，分为外朝、内延两部分。作为王权

时与空

的集合体，其建筑有着近乎苛刻的等级划分，以此表现帝王的威严和神圣。"三朝五门""前朝后寝""中轴对式""左祖右代"的构建方式，将方方正正的宫殿布局提升到近乎完美的程度。北京故宫的建筑艺术主要体现在群体组合的艺术上，群体之间的联系、过渡、转换，构成了丰富的铺陈展开的空间序列。北京故宫总体分为南部的"前朝"和北部的"后寝"两部分。南部以太和殿、中和殿、保和殿为中心，两侧辅以文华殿、武英殿，是皇帝接受朝贺、接见群臣和举行大型典礼的地方。

中国建筑艺术是中国优秀传统文化的重要组成部分，同时也随着中国文化的传承和创新不断地发展。古代的建筑为我国的建筑艺术奠定了基础，当代的建筑设计师、景观设计师也在尽力为我国的建筑添砖加瓦，相信通过对传统建筑艺术的传承和创新，我国建筑艺术未来的发展也将越来越丰富，越来越被更多的人认可。如今各种建筑事件正在中国发生，可以喜悦地看到，现代建筑在中国被当代的一批中国建筑师给出了应有的

双贵当庭——框景中的一松一石

解答，这使得中国鼎盛时期的文明重现，透露了更多的文化自信，像是一次伟大的文艺复兴的开始。

中国本土的建筑师、城市管理者、建筑的建造者正在构筑一个属于自己的时代。或许不久之后，我们就必须真的以"时期""思潮""改革"这样的词汇来描述这一段"建筑史"。北宋文学家李格非在《洛阳名园记》中提到"洛人"所言的园圃之胜不能相兼的六务：宏大、幽邃、人力、苍古、水泉、眺望。从原文可以读出此六务并非某个个体的论断，而是一个时代的群体认知，代表着中国古人耕耘地表时的典型策略。中国当代建筑也许正带着这样的一股势头，从个体走向群体，从暗淡走向复兴。

3. 同类相动，同气相求

> 山肥人饱，山瘦人饥，山清人美，山浊人媸，山完人喜，山破人悲，山归人聚，山走人离。

——杨筠松

抽象代数同构在范畴论语言中，意思是如果两个结构是同构的，那么其上的对象会有相似的属性和操作，对某个结构成立的命题在另一个结构上也就成立。人们眼中常见的"主体论""决定论"烟消云散，因为出现了无因果关系的偶然性，它就像人们熟悉的"蝴蝶效应"一样遍布现象之中，无法理解的神秘感随之而来。这个时间概念是作为西方精神分析分支的心理学家荣格提出的，即共时性，比如"说曹操曹操到"、梦中的事现实中成真、某个场景似曾相识，这些有意义的巧合与人们惯用的思维大相径庭。

荣格是在《易经》的影响下提出了具有重大理论价值的同时性原理，可以说荣格的一生是与东方思想不断对话的一生，几乎所有高价值的荣格学说都与东方思想密切相关。荣格曾犀利地批评当时的学院心理学，是过分强调理性因而束缚人们思想的唯理智主义。他晚年才敢公然提倡同时性原理，因为如果同时性原理可以成立的话，那么人类建构知识的基本设定——因果律，就要受到很大的挑战。

他认为《易经》正规的占筮活动可以将人的潜意识以象征的形式展现出来，从而显示出心理世界与现实世界奇妙的对应性和平行性。为了说明"同时性"的确切含义，荣格曾经举过这样一个例子，那是他在为一位年轻的女患者治疗时发生的真实事情，荣格记述道："她尽管做事想扣两端以执中，诸事求好，结果总是做不到，问题的症结在于她对事情懂得太多了。她受的教育相当好，理性主义极强。"在多次医治无效的情况下，她有一天讲述了前晚的梦境，梦中有人赠她一只金色的甲虫珠宝。当她正对荣格诉说其梦时，发现窗外有只相似的昆虫正在飞撞窗棂，试图进入黑暗的房间。此事颇为怪异，荣格立即打开窗户，抓住了和病人梦中描述极像的甲虫，他将甲虫交给患者，并耳语："这就是你的甲虫。"此事洞穿了病人的理性主义，之后以同样方法治疗效果显著。

荣格认为《易经》的筮法与占问过程正是同时性现象的体现，尽管拈取蓍草或抛掷硬币以起卦的方法纯属偶然，但是观察者只有通过坚定诚信的心念来实现卦与事的契合，此乃"唯一法门"。再回到《易经》，为什么所起卦有可能以象征的形式展示起卦之人与占问之事有同步而行的潜意识呢？原来中国人有自己的一套解释，那就是："同类相动，同气相求。"

《系辞》中也说："天垂象，见吉凶，圣人象之。"天象指日月星辰、风云雷雨，本为自然之象，却能显示人事的祸福吉凶。圣人力求找到其间的联系，从而由天象测人事。但天象现人事吉凶，显然不属因果范畴，《易经》作者关注的不是因果必然性，而

格局与布局，高格局决定高布局

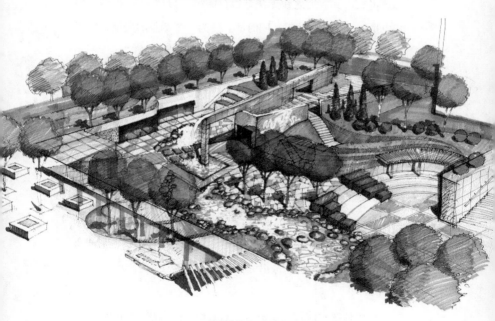

绿树掩盖了一切

是"同时性"。而《易传》提出了"同气相求"的理论，文中说："同声相应，同气相求。水流湿，火就燥。云从龙，风从虎。圣人作而万物睹。本乎天者亲上，本乎地者亲下，则各从其类也。"

《易传》的这段话很重要，它指出气类相同的事物会产生相动相求的运动。这显然不是因果关系，而是另外的一种相应相通的作用。这种作用形成一种推动力，使各种事物向着自己的同类靠拢。所以，《系辞》说："方以类聚，物以群分。""同气相求""同类相动"这种运动形式实质也就是"感应"。《系辞》说："唯神也，故不疾而速，不行而至。"意思是：气的作用无形迹可察，其速度之快无法计数，故称其为"神"。可见，感和应虽分先后，但几乎是同时的。作为一个聪慧的民族，中华民族的科学也就显而易见了。荣格的这一论断是对"科学一元论"的重大冲击和挑战，而"科学一元论"的"紧箍咒"至今仍然紧箍着大多数人的头脑。

在中国古典园林设计中，追求"阴阳平衡"的天地，它包含着一系列对立而又统一的因素，运用欲扬先抑、藏露相融、以少胜多、小中见大、虚实衬托、动静结合等模式，采用借景、对景、点景、补景、障景等手法，增加空间层次感，从小空间创造出大空间，使室内外相通、相透、相补，整个空间布局在统一中有变化地营造出一种"阴阳和谐"之美。

中国传统造园理论中不乏"水必曲，园必隔""不妨偏经，顿置婉转"等经验总结，"曲"早已是中国古典园林重要的一个特点。为与自然风景的"曲"相协调，造园常常要以曲代直。对于园中植物，则主张"取其自然，顺其自然"，保持它

霍元甲陵园同样能唤起尚武精神

们本来的姿态。

在天津霍元甲陵园的景观设计中，陵墓根据传统的"南向为尊""南为正向"和"负阴抱阳"的指导思想，坐北朝南，同时也是为了防弊西北向的寒风。

陵园广场以开阔大气的景观为主，采用规整的几何形处理。陵园神道两侧为规整的树阵广场，列阵的树木犹如一身正气的习武之人，体现出自强不息的武术精神。这种自强精神便是我设计陵园景观的同时性原理，当人们来到这里，可以同时带来他们自己的自强精神。陵园背后拼搏的精神，是向死而生，以同气相求涤净浮华的心灵，引领人们向前的道路。

以气之动求众人同气，以设计共振能量，把越来越多的人同构在一起，以达到生活的和谐。

4. 个性中寻求共性

博观而约取，厚积而薄发。

——苏轼《稼说送张琥》

如果个性是树之表皮、枝叶，共性就是树之主干；如果个性是兽之血肉、皮毛，共性就是兽之骨架；如果个性是屋之布局、装饰，共性就是屋之柱梁、架构……总之，个性显于细节，共性隐于框架。共性寓于个性之中，个性基于共性之上。静而言之，离开个性，共性无以存续；离开共性，个性支离破碎。动而视之，共性因个性而增生丰满、别开新面，个性因共性而合和衍生、壮大发展。

如果说个性是互异和自异的结果，那么共性就是共构和同构的产物。质上的共性是同类事物的构成，形式上的共性是某种意义上的类似物的互通之处，量上的共性也隐含着不同事物在某种意义上存在的同构性。

共性与个性是分层次的。某个层次中的个性，在更具体的层次中也可以是共性；某个层次中的共性，在更深广的层次中也可以是个性。共性与个性在一定的条件下是可以相互转化的。在一定条件下的个性，随着条件的变化，可以演变为共性；在一定条件下的共性，随着条件的变化，也可以演变为个性。

余光中翻译的桥名字为仙能渡

坐看云起时

快速发展的时代一定是百花齐放的时代，但凡限制某一种声音，就会导致发展中的一环脱节。百花齐放，百家争鸣，纵然其中良莠不齐，但一定要知道自己应该怎样取人之长补己之短，这是本能。同时，在开放的时代，纵使人人都在强调共性，但是我们不得不承认每个人都有他的个性，所以"和而不同，兼收并蓄"，才是在个性中寻求共性。

　　我做过很多景观设计，也去过很多国家，发现尽管肤色、性格、文化背景不同，但人们对美的追求却是相同的，只不过人们各有所爱。比如中国画和西方画，二者各有所长，要促进自身发展进步就需要相互借鉴，取精华、去糟粕。建筑设计也是同样的道理，在将自己的建筑理念推向国际的时候，不仅要宣扬自己的观点，还要细心领会国际社会的声音。

　　如今的生活状况和以前是大不一样了。从前住平房，邻里之间的沟通和交流也很多。现在社会的快速发展，却导致了人与人之间的沟通越来越少。其实，小到人与人之间，大到国与国之间，都要善于表达自己的声音，细心倾听外界的声音，在纷繁复杂的信息中能够找到对自己有利的信息，互相理解，相互学习，才能促进共同发展。兼收并蓄，正是景观设计要做的事情。

加拿大的雪霁

5. 向"最大公约化"前进

我尝试所有方面的可能性、技术、材料、形式和功能，但我最关心的仍是人的情感因素。

——娜娜·迪塞尔

如果把城市比作人的身体，那么建筑就是身体里的动脉和静脉，而人们便是流淌在动脉和静脉中的血液。简单来讲，建筑和人是构成城市的必要存在，而建筑和人之间的协调也就助力了城市的发展和进步。

建筑的功能最初是为了满足人们居住的需要，而且形式单一。但是随着经济的发展和科学技术的进步，现代的建筑已经不是单一地满足某种功能需求，而是集多种功能于一体，既满足人们功能上的需要，还可以满足人们对建筑的审美需求。由此，将建筑可以分为艺术型和功能型，但不管是哪种类型的建筑，都是以人为本，在满足人们功能需求的基础上提高建筑的艺术性。将建筑设计"最大公约化"不是指建筑实体，也不是大批量地复制，更不是做一样的建筑，而是寻求人们价值观方面的共性，以求在价值观上达成共知的状态，这也是一个将人们的共同需求物化的过程，实现彼此的共赢。

建筑设计师是城市的灵魂，他们将设计理念、场所精神融入建筑中，传递给人们，让人们感受到来自设计师的理解和城市向人们传达的友好和爱。建筑大师贝聿铭有着深厚的文化底蕴，他的思想体现在"和"。人与人之间的聊天，实际上是在相互推送自己的价值观，并希望能够得到对方的理解和认可。优秀的甲乙双方之间的关系很融洽，因为他们都懂得为对方考虑，更懂得"退一步海阔天空"。其实，建筑设计和艺术一样，不精不诚无以感人。

之前听过一位专家的讲话，他指着一个公园说："我能看得出这个公园的设计师的大致年龄，他一定有孩子，他会在公园里设计一些儿童设施，包括对购票窗口的设置，都是考虑到了儿童。"这段话虽然朴素，却让在场的建筑师都恍然大悟。勒·柯布西耶是建筑界的大师，他设计的建筑不仅能够考虑到大部分人的需要，还能够考虑到一般建筑师不会兼顾到的穷人。在设计的时候，他将模块应用到建筑当中，工厂大量生产模块，带动了工厂的发展。另外，模块成本低，建造出来的住宅价格也就低，为穷人提供了住所。

设计大师的作品之所以能够被人称赞和流传，是因为他们开了先河，不管是人文关怀，还是技术方面，总之是充分考虑到了人们的需求，从而成为大师之作。其实，将建筑"最大公约化"只是一种交流手段，是在设计的时候能够了解最终受众群体的不同需求。如果把受众群体比作数学分数中的分子，那么设计出来的作品就应该尽力做分母，能够和大部分受众群体进行"约分"，即满足大部分人的需求。

只要用心，雨水篦子也能做得有趣

竖向表达

设计中所主张的"人人共和"也是如此，遵从以天下为公的基本原则，做出"人民的公共设计"。"人人共和"其关键在于设计体现的"共和"与设计所能改变的"共和"。前者在于如何为大众做设计，这也是一个好的设计师的评判标准。无论是室内设计、建筑设计还是园林景观设计等，其前提都应该是以大众的视角做出符合大多数人需求的设计。如今设计中特别是地产行业的设计，很多已经偏离了这一点，其对技术方面的运用、细节的考究与材料的选用，特别是在样板房区域产品越做越豪华，其本身是违背设计与产业初衷的。豪华的设计展示是为了更好地以更高的价格销售出更多的房屋，其中完全没有考虑大多数人的购买需要，一个豪华的设计提高了房屋原价值几倍的价值，这在大多数人眼中是无法接受的，这也是导致如今诸多房屋滞留的原因之一。所以，一个好的设计一定是给普通大众做的设计，艺术的道路走错了，技术再进步也适得其反。

设计最先应考虑弱势群体的问题，这不仅是社会问题，同样也是人思想状态所呈现的一种反映，即"感同身受"的心理，其中包含人与人之间"爱"的传递与"悲悯"的反映。就像是一个人亲眼看到一个与自己毫无关系的生物死亡，心中多少会产生一种凄凉、悲哀的感情；再者说看到一个人表现出真实的无助的时候，若是不给予其帮助就有可能联想到自己未来可能会同样身处无助的境地，同样也没有人来帮助自己。这就是"爱"与"悲悯"最简单的生成方式。设计则是将这种感情传达给他人。

"慢下来" 才是园林的真谛

作为一个设计师，如果能做到以设计提高人的素养，简单地说，就是让别人身处于设计出的环境中，能因无素质行为产生羞耻感而减少或杜绝无素质行为，那么这个设计就是成功的。当然设计也可以用其他的形式来达到这种感觉，那就是仪式感、荣誉感等。但这可以说是以"强硬"的方式"压制"，所以暂且不谈。

设计还应对社会不同的价值观所产生的矛盾进行调和，因为中国是一个多文化的大国，五十六个民族每个区域的交叉点都不一样，人文、环境导致每个人的价值观都不一样，人与人接触就必须"人人共和"，使之成为一种基准。

将人的需求融入景观之中，以为人而建造的景观来影响景观中的人，提升人们的精神意识，也许就是设计师现在乃至未来应该做的事。

6. 同构一个"家"

伟大的设计是人类生活与其环境之间的多层次关系。

——深泽直人

人活一辈子，虽不能决定生命的长度，但是能改变它的宽度，要在有限的生命里把正能量和爱传递给他人。我最崇拜的画家凡·高，虽生活艰苦，但是他热爱生活，并把这种爱传递给每一个人，以绵薄之力促进社会发展，这是他作为艺术家的责任。

现如今，大部分建筑设计师都致力于为富人做设计，因为他们追求的是高利润，而无论是何种风格的设计貌似总是不能兼顾到穷人。印度建筑大师巴克里希纳·多西，就是少数为穷人做设计的建筑师中的一个。

景观心理学是对人在景观中的各种行为的探索，这种探索应该引申到价值观的探索

多西青年时期赴法国工作，回国后发誓要为自己国家的底层群众提供正规的居所。"我应该许下此誓言并毕生铭记"，为了这个誓言，他一做就是半辈子。28 岁时，多西离开勒·柯布西耶工作室后，成立了自己的工作室。"如果走进一个由专业建筑师设计的空间，人首先感觉到的是舒服，紧接着是惊奇，然后是有巨大的吸引力，吸引着你想回到这里，这才是家给人的感觉，才是家该有的样子"。多西想要为那些没有能力改善居住环境的人服务，帮助那些没有钱住好房子的人，并服务于那些不懂得舒适的居住环境可以给他们带来什么的人们。多西的低成本住宅项目阿冉亚就是致力于为底层群众提供正规的居所。有趣的是，几年之后，多西在对那里的住户进行回访时，惊讶地发现，这些低收入人群已经变成中等收入人群了。他经历过困苦，所以了解困苦的样子，他知道艰难，因而更愿意伸出援手，去帮助那些需要帮助的人。多西用一己之力帮助了一群人，同时改变了这群人。

古代中国一直是小农经济占主导地位，因此与这种生产方式相联系的家族制度便深深根植于数千年的中国社会结构之中，家族结构扩大到国家结构，家与国的系统组织与权力配置都是严格的家长制。家庭的扩大是家族，家族再经过扩大和延伸则是国家，因此在"家国同构"的格局下，家是小国，国是大家。家庭观念在中国传统文化中有着重要的地位，至今仍然能够得到体现。"家庭—家族—国家"，这种"家国同构"的社会政治模式是儒家文化赖以存在的社会渊源，古人"修身、齐家、治国、平天下"的个人理想，反映了"家"与"国"之间的同质联系。

中国古典四大名著之一的《红楼梦》在中国文学史上享有极高的地位，曹雪芹笔下的荣国府，充满着强烈的儒教氛围，是儒教在人间的折射。宁国府弥漫着浓烈的道教气氛，是道教在现实中的体现。儒教、道教文化是中国封建社会中占主体地位的文化，儒道并举，统一于中国"家天下"的封建文化体系之中，共同塑造着中国人的生活方式、民族性格和文化心态。贾府家族文化是中国封建文化的缩影，贾府就是中国封建社会

路莫便于捷而妙于迂

的缩影。由家文化到国文化，由贾府到中国封建社会，体现了家国一体，这就是《红楼梦》"家国同构"的思想。

又如古代皇权统治时期，故宫是皇帝的寝宫，周围住着大臣，外围是百姓，这是中国最典型的城市规划。"家国同构"从古代发展到现代，从封建社会发展到社会主义社会，其思想理论也被人们不断地学习和发扬。同时，"家国同构"的理念也被应用于生活中的各个方面。

在中国传统的园林设计当中，最强调的就是与自然的协调。中国传统园林基本是根据地质环境建造的，是对自然山水景观的艺术展现，象征着天人合一。现代园林景观里，由于地理条件和环境的限制，设计师会刻意设计一些假山，引水到园林里来，建造一个依山傍水的园林，营造一种自然的环境。

景观就是连接人与人、心与心的桥梁

设计师在做设计时，更多地体现的是他的个人价值，一件完整的作品里面包含着设计者想表达的思想、观点，甚至设计者的世界观、价值取向都在作品的点滴设计里被悄无声息地表达出来，这种表达可能是设计者自己都未曾发觉的。就像建筑师在设计建筑时，不用思考如何把中国文化、地域文化在设计中体现出来，因为设计者本身的思想就是中国文化、地域文化熏陶中的产物。所以设计者的个人价值在作品中最能淋漓尽致地展现出来。作品在社会中的反响也是设计师个人价值的体现。程泰宁先生曾说："究天地人文之际，通古今中外之变，成建筑一家之言。"这是我多年来的设计追求。这里面有一种精神，是一种在个人价值和社会价值同时实现后，建筑到达的一种新的境界和一种睥睨天下的追求。

做设计的人需要传递场所精神，要带动所有人一起进步。

中国传统文化哪些需要回归，哪些不应回归，要有一个清醒的认识

设计师做一个公园时，要把环境营造得非常美，让人们进到公园里能够感受到美，引导人们热爱生活，热爱社会，充满正能量。这就是设计师的社会价值，对设计师来说，个人价值的实现固然重要，但社会价值的实现才是设计师毕生的追求。对设计师来说，个人思想的表达只是一个层面，好的作品更是要能被社会大众接受，甚至以一种悄无声息的方式改变人们的思维方式，以及对事物重新的认识。

我们一直在提倡中国传统文化的回归，意在将中国的优良传统发扬光大，将中国精神传达给更多的人，这其实也是中国建筑设计师不断追求和希望达到的，在个人价值实现的基础上，转战到更大的战场上，站在国家的角度，对设计有更多的追求是设计师实现社会价值最直接的途径。

设计师就像是魔术师，能够在一块空地"变"出很多的景观，而设计师在"变"的过程中也需要遵循一定的规律和理念，尤其是对中国传统文化的继承和发扬。作为景观、建筑设计师，在享有盛誉的时候，要站在高处看一看自己所处的位置，认清自己的责任，这样未来的路该怎么走，就会有一个大方向，即要从人的基本情感出发，站在"家"的角度，为大部分人做设计。建筑设计是城市的命脉，而建筑设计师是城市的灵魂，我们生活中到处都有设计的痕迹，建筑设计师要清楚自身肩负的社会责任，关注底层人民，才能走好未来的设计道路。

7. 念念不忘，必有回响

情不知所起，一往而深。

——汤显祖《牡丹亭》

所有人都渴望成功，都想成为一把宝剑，都想成为一朵梅，因为它的"锋"与"香"着实吸引人，可是谁又曾真的去感受剑的千锤百炼与凛冬的刺骨苦寒？

我们自出生以来就是一个不完美体，是"被上帝咬过一口的苹果"，我们一辈子努力的过程就是使自己变得更加完美的过程，我们的一切美德都来自于克服自身缺点的奋斗。只有不断奋斗进取，褪去身上层层的包裹，才能破茧成蝶。

法国文学家伊波利特·丹纳说过："一个国家的自然决定了一个国家的艺术。"中国建筑师做设计，不必非要遵循翘角、斗拱这种传统的建筑形式，也不用冥思苦想怎么让中国传统艺术走现代化道路，因为中国人的设计本身就带着一种符号气息，具有十分清晰的中国性格。

设计师做设计没有初心是撑不下去的。我在这个行业做了二十多年，为什么能撑到现在，就是因为保持了对景观设计的初心，有一些社会责任感。其他人也一样，如果对某个行业不感兴趣，就不要进入到这个行业中来。做设计不可能像炒股票

人的感受是现代设计的支柱，大尺度、超尺度都是对公共资源的浪费

的人一样，运气好的话可能一夜暴富。所以支撑你继续在某个行业里坚持下去的，一方面是对社会的责任感，另一方面就是你对这个行业的热爱。

各行各业缺少的不是学历多高、能力多强的人，而是能够一直坚持不忘初心的人。人生的道路是漫长的，不会一直平坦，也不会一直坑洼不平，重要的是要有一个自己的目标，并且坚持不懈地去热爱它、追求它、实现它，绝不能因为一次次的失败而放弃自己所追求的目标。现在很多人都处于一个迷茫的阶段，质疑人生是否存在光明。觉得生活在跟我们开玩笑，生活欺骗了我们。心里常常犯嘀咕，我们是否还应该坚持呢？我们如果坚持了日后会成功吗？如果不成功是不是浪费时间了呢？请坚信，坚持不懈的结局必然会是成功。古今中外，坚持不懈造就成功的案例也是数不胜数。

托马斯·阿尔瓦·爱迪生，美国著名发明家、企业家，他在电灯这项发明上，试用了近 1600 种材料进行试验，才发明了人类历史上第一盏有广泛实用价值的电灯。如果他在试验中半途而废，那么就不会有电灯这项发明的问世，可能我们现在仍活在煤油灯的世界。只要心中有足够坚定的信念，不要忘了自己的初衷，坚持不懈地走下去，就一定会获得成功。

坚持的味道是苦涩的，在迈向成功的过程中，我们每个人

总想看看路的尽头到底是什么

总会经历许多磨难。但是我们也应该清醒地认识到，坚持不懈的最终结局是美好的。滴水穿石不是偶然，而是一个必然的结果。只要坚持，持之以恒，成功只不过是时间问题。不要因为一时的迷茫而怀疑自己，不要因为一时的失败而气馁，也不要因为一时的泥泞而止步不前。生命的奖赏远在旅途终点，而非起点附近。我不知道要走多少步才能到达目标，踏上第一千步的时候，仍然可能遭到失败。但成功就藏在拐角后面，除非拐了弯，否则我永远不知道还有多远。前进一步没有用，就再向前一步。事实上，每次进步一点点并不太难。

易中天先生在讲文明时提到，世界大多数民族都有自己的宗教和神明，但中国人信仰少，缺少对宗教和神的敬畏。中国人注重实用主义，什么管用就信什么。他认为这种现象有利也有弊。好处是中国人更适合于跟别人打交道，可以当中间人；弱点则是没有信仰。

我常常对周围的环境不满意，看到排队加塞、骑车逆行、抢座位这些事情心里就觉得不舒服，我总会去想他们为什么这样做，是否是由于公共资源的贫乏？或者由于教育的缺失？还是缺少对别人的尊重？我们改变环境的同时也在改变着我们自己，我试图去改变环境、改变社会的面貌。法国文豪维克多·雨果说过："多建一所学校，就少建一座监狱。"这就是我坚持做设计的初心。

如果我们能够为我们所承认的伟大目标去奋斗，而不是一

景观是陶冶人们心灵的最佳方式

个狂热、自私的肉体在不断地抱怨为什么这个世界不使自己愉快的话，那么这才是一种真正的乐趣。奋斗令生活充满生机，责任让生命充满意义，压力让我们不断成长，成就让我们充满自豪。不要抱怨生活艰辛，其实奋斗也是幸福的一种。我们是凡人，但是我想用我的奋斗证明，我不甘于平庸。

你羡慕彩虹，因为它绚丽多彩，为它驻足欣赏。可我不希望你就此停下脚步，你欣赏的只是别人世界里的彩虹。你应该学会不断奔跑，学会拼搏向前，学会不断奋斗，用你的一生去谱写属于你自己的精彩。名人之所以能够成为名人，是因为他们在同伴嬉乐或休息时不停地攀登；凡人之所以成为凡人，是因为别人忙于攀登时他却安然入睡。

人生不一定要做许多事才能体现丰富多彩，在一件事上也同样能体现丰富多彩。要相信，河冰结合，非一日之寒；积土成山，非斯须之作。我放眼未来，勇往直前，念念不忘，则必有回响。

　　现代艺术总的趋势是艺术掌握在每个人的手里。艺术越来越贴近生活，而不是给少数人服务的，每个人都是自己的艺术家。现代艺术的特点实际上是对古典艺术的高度浓缩，形式、风格与主题一致（艺术发展轨迹：具象—意象—印象—抽象）。远古时期由于生产力水平低下，劳动工具简单，所以艺术品以像不像为标准；古代时期尤其是以中国为代表的艺术形式讲求"托物以言志""妙在似与不似之间""意在笔外"，所以就出现

境心相遇

了意象；到了19世纪，马奈、莫奈等用科学来分析色彩，强调光影的瞬间变化，出现了"印象"手法；随着艺术进一步发展，艺术创作由反映客观事物变成了反映主观事物，就出现了"抽象"艺术，杜尚、沃霍尔和博伊斯是影响当代艺术最关键的几个人物。杜尚让当代艺术无限开放——生活就是艺术，让自己的生活成为艺术，让自己成为艺术品。生长在第二次世界大战后富裕的美国，沃霍尔深刻洞察商品社会，用迷人而玩世不恭的方式让商业转化为艺术。在背负沉重历史包袱的德国，博伊斯用激情的言行倡导人人都是艺术家，用行动来塑造社会。"艺术即生活，艺术即人"，"唯一的革命手段是艺术的全球观念，它也会导致新的科学观念的诞生"，"解放人类是艺术的目标"。对我而言，艺术是关于自由的科学。目前的现代艺术主要有以下几种形式：写实主义（还原场景）、极简主义（黑、白、高级灰）、波普艺术（色彩浓烈）、行为艺术、装置艺术、新东方主义。写实主义是指在艺术和文学领域里，摒弃理想化的想象，主张应该细密观察事物的外表；依据这个说法，广义的写实主义包含了不同文明中的许多艺术思潮。极简主义的前身实际上是减少主义，"少即是多"被认为是极简主义的核心思想。极简主义的特色是将设计的元素、色彩、照明、原材料简化到最少的程度，且对色彩、材料的质感要求很高。其本意在于极力追求简约，并且拒绝违反这一形态的任何事物。行为艺术是指在特定时间和地点，由个人或群体行为构成的一门艺术。行为艺术经艺术家亲自加入，精心策划而推出行为或事件，并通过与人交流，一步步发展，最终形成结果。我们定义这个事件或过程为行为艺术。碎裂艺术组这个艺术团体，善于用他们创作的装置艺术品，如巨型的彩色动物雕塑，围绕着一个环境或社会命题进行艺术表达，看似充满乐观色彩，其实是在谴责社会上的各种变质现状。

历史上，艺术规律总是由繁到简、再由简到繁地循环，呈螺旋式上升过程。丰子恺先生总结的人类建筑设计历程是坟—殿—寺—宫—店，这些都与当时人类社会发展状况有关，这种观点也是解析得很透彻的。所以说艺术的发展方向与人类社会发展方向是一致的，了解了人类社会发展方向即了解了艺术发展方向。一个好的设计作品应该是当前人类思想文明的集中体现，一个艺术家应该有社会责任感，要为社会大多数人创作。让大多数人享受艺术成果，用自己的双手创造和谐、民主的生活，这应当是我们思想上的参考点之一。

一个好的艺术家必定是一个好的思想家，一个艺术家的思想高度决定了他的设计高度。随着地球村时代的到来，这个时代的文明就是人类集体的梦想。这个梦想是延续的，筑梦就是艺术家的任务。艺术实际上就是生产力，就是话语权，是一个民族的想象力和灵魂。我们常常说的"意在笔先"，即要想成为方案设计大师，首先要有一个高起点，而设计立意往往是设计成败的关键所在，好的开始是成功的一半，正如人们所说的"志当存高远"。艺术是由思想决定的，实际上思想是第一生产力，思想的高低决定了艺术立意的高低。

艺术家与艺术家是有所不同的，大致可以分成三种境界：

第一种是养家糊口型的设计师，也就是我们平常说的"齐家"；第二种是本行业中的能手，对社会生活有一定的了解，有深厚的国家、民族情怀，也就是我们说的"治国"；第三种是能理解不同文明和民族价值观的设计师，他们拥有深刻的哲学思想和修养，也就是我们说的"平天下"。在人类文明的进程中，外部世界一直在影响着我们，凡是用自己独特的视角去认识和改造世界并推而广之的人就是大师。

未来的设计可能是无感情智能设计，即人被机器操控，只满足功能，不满足情感。但我们设计师应该对工作、人生有新的了解，那就是"宠辱不惊，看庭前花开花落；去留无意，望天上云卷云舒"。罗曼·罗兰说过，"世界上只有一种真正的英雄主义，那就是看清生活的真相后，还依然热爱生活"。汤显祖所讲："情不知所起，一往而深。"人的一生不管信仰是什么，只要有心的归宿就是最幸福的人。

后 记

　　2020 年春节之际，一场传染性极强的新冠肺炎疫情来势汹汹，很快从武汉波及全国各地。在以习近平同志为核心的党中央的坚强领导下，倾全国全民之力抵抗新冠肺炎疫情，就在国内疫情得到初步遏止、生产生活逐步恢复正常之时，国外又呈现疫情大爆发之势。在这场全球战"疫"中我们看到，疫情的传播除与自我管理、社会管理等因素有关外，还与城市环境有着密不可分的关系。因此，我们力求把中国传统园林艺术加以发扬光大，走出一条属于中国自己的现代设计之路。

　　梁启超讲过："境者，心造也。一切物境皆虚幻，惟心所造之境为真实。"郭熙在《林泉高致》中说："画中左开必右合，上开必下合。"如果梁启超讲的是"道"，那么郭熙讲的就是"器"。西方艺术与东方艺术的区别就在于西方艺术强调真实的反映，而东方艺术则强调气韵；比如油画与国画、话剧与京剧的区别，西方艺术虽强调源于生活而高于生活，但基本上都是生活场景的真实反映，而东方艺术是一种升维的艺术形式，所谓升维就是艺术史的一个演变过程，即具象—意象—抽象。我们可以说，从具象艺术、意象艺术到现代的抽象艺术本就是个升维的过程，从中国的文字演变就能看出这种升维过程。远古时期的古人用绘画来表达信息，用象形文字一步一步地升维，甲骨文—金文—楷书—行书—草书，越来越抽象，不再强调形状，而是强调形式。而西方现代主义设计实际上就是完成了西方传统艺术的升维，而这种升维是从 19 世纪开始不断地吸收东方艺术的营养，如日本的浮世绘、枯山水都对西方艺术产生了很大的影响。同时西方没有停止结合资本主义的社会方式，又进一步地往前推进，形成了极简主义、波普艺术、行为艺术、装置艺术等各种艺术表达方式。实际上印象派后期的凡·高早就采用东方的艺术思想来描绘艺术了。而东方艺术从意象主义到现在，一直停止不前，历史上艺术中心都是跟随着经济中心的脚步，随着中国经济的发展，中国正在追求艺术的起飞，如何传承、发展一直是设计师思考的问题。

如今设计出符合时代特征的作品，是每个设计师内心的意愿。既要符合时代特征，又要传承传统文化，留白这种形式是表达传统与现代的结合点。实际上留白也是现代艺术，它吸收了中国艺术的一种手法，现代艺术里的暗喻手法就是借鉴了中国艺术中的留白，在中国古代的山水画中有"水不容泛，人大于山"，那时还要画出水的波纹，如展子虔的《游春图》。到了宋代，马远、夏圭的画中已经有留白了，"烟波浩渺，水天一色"就是通过留白引起人们的遐想。中国园林创作手法如出一辙，以留白引出人们的想象空间，即"言有尽而意无穷"。如果留白是"道"，因借就是"器"，巧于因借，精在体宜，因借的手法有借景，借的方法有对景、共景、框景、障景，这些方法的目的在于强调留白弃黑，就是把视点集中而放掉其余，所用手法无非都是为了留白。有人说西方园林是用来观赏的，一览无余，而中国园林是用来想象的，越是看不到越想看。中国园林无非是留出了想象空间，如同中国的文学作品一样，托物以言志的手法描写此物而言它。从刘秉忠的诗词"干荷叶，色苍苍，老柄风摇荡。减了清香，越添黄。都因昨夜一场霜，寂寞在秋江上"中能看出，这里的描写绝不止于描写荷叶，而是以物拟人，这种手法同样属于留白。想用升维的方法提升中国园林的内核，必定对园林文化要有所了解。

追求光明感是文人山水画的重要特色，比如董其昌的山水画就是一个例子，他的画中几乎没有人，他把画当成自己心中的世界，有一种"宇宙的视角"，也可以说他的画就是他心中的"小宇宙"；古人曰"画如其人"或"字如其人"，就是通过作品看出其"心道"，笔法服务于画家心性。计成在《园冶》中讲最喜关全，荆浩笔意。所谓留白，突出即为"黑"，留即为"白"。

一个好的设计作品必然是艺术与技术的高度统一。2020年新冠肺炎疫情的发展使小区布局有了合理性，也就是小区封闭式管理。需要引进公共空间的概念，小区周边的代征绿地对于一个小区，同样要考虑安全第一的原则，洪涝、水火、疫情都是要考虑进去的。